Kirushanthi Thangavel
H.M.J.C. Pitawala
Thusitha. N. B Etampawala

Ladrilhos para pavimentos exteriores derivados de borracha natural e compostos de poliuretano

Kirushanthi Thangavel
H.M.J.C. Pitawala
Thusitha. N. B Etampawala

Ladrilhos para pavimentos exteriores derivados de borracha natural e compostos de poliuretano

ScienciaScripts

Cover image: www.ingimage.com

This book is a translation from the original published under ISBN 978-620-7-45337-5.

Publisher:
Sciencia Scripts
is a trademark of
Dodo Books Indian Ocean Ltd. and OmniScriptum S.R.L publishing group

120 High Road, East Finchley, London, N2 9ED, United Kingdom
Str. Armeneasca 28/1, office 1, Chisinau MD-2012, Republic of Moldova, Europe
Printed at: see last page
ISBN: 978-620-8-03810-6

Conteúdo

RECONHECIMENTO

Com muita gratidão, gostaria de agradecer a várias pessoas e instituições de financiamento que contribuíram de forma significativa para o êxito deste projeto de investigação. Antes de mais, tenho de agradecer aos meus supervisores de investigação, Dr. H. M. J. C. Pitawala, Dr. T. N. B. Etampawala e Dr. (Sra.) D. G. Edirisinghe, pela sua paciência, motivação e imenso conhecimento. Sem o seu apoio e envolvimento dedicado em todas as etapas do processo, esta investigação nunca teria sido realizada. Gostaria de vos agradecer muito pela vossa ajuda e compreensão ao longo destes últimos dois anos.

Agradeço à Universidade de Uva Wellassa pelo apoio financeiro concedido ao abrigo do subsídio número UWU/RG/2016/11. Além disso, uma parte desta investigação utilizou recursos do Centro de Instrumentos da Faculdade de Ciências Aplicadas da Universidade de Sri Jayewardenepura e do Centro de Investigação Avançada de Materiais da Universidade de Sri Jayewardenepura. Agradeço vivamente o apoio prestado por estas instalações para o êxito deste trabalho.

Os meus sinceros agradecimentos vão também para os técnicos do Departamento de Tecnologia e Desenvolvimento da Borracha, do Instituto de Investigação da Borracha do Sri Lanka, Ratmalana, bem como para os técnicos e assistentes de laboratório da Universidade de Uva Wellassa que me ajudaram durante os trabalhos de laboratório. Sem o seu precioso apoio, não seria possível efetuar esta investigação.

Devo expressar a minha profunda gratidão aos meus amigos, especialmente aos colegas Yanusha Mehendran e Garthiga Yogendra, por terem aceite nada menos do que a excelência da minha parte.

Por último, mas não menos importante, gostaria de agradecer à minha família: aos meus pais, ao meu marido A. Arunraj, às minhas irmãs e ao meu irmão, que me deram um apoio moral infalível e um encorajamento contínuo ao longo dos meus dois anos de estudo e durante o processo de investigação e redação desta tese. Esta realização não teria sido possível sem eles. A todos os meus agradecimentos.

PUBLICAÇÕES RESULTANTES DESTE TRABALHO

Publicação em revista

1. **T. Kirushanthi**, Thusitha N. Etampawala, Dilhara Edirisinghe, Jagath Pitawala, D.R. Ratnaweera, Desenvolvimento de compósito de borracha natural reforçado com resíduos agro-industriais: A potential formulation for rubber flooring product, J. Adv. Chem. Sci. 4(3) (2018) 571-575.
2. Y.G. Kondarage, H.M.J.C. Pitawala, **T. Kirushanthi**, D. Edirisinghe, Thusitha N. Etampawala, Ceramic waste-based natural rubber composites: Uma forma interessante de melhorar as propriedades mecânicas, J. Adv. Chem. Sci. 4(3) (2018) 576-582.

Publicações de conferências com revisão por pares

1. T. Kirushanthi, H.M.J.C.Pitawala, D.Edirisinghe, D.R.Ratnaweera, T.N.B.Etampawala. Desenvolvimento de um compósito à base de poliuretano utilizando resíduos plásticos de garrafas PET e resíduos agrícolas. [Resumo]. In: Anais da Conferência Internacional de Pesquisa, Universidade Uva Wellassa; 2019 Fev 7-9; Badulla.T.Kirushathi: IRCUWU; 2019 Fev 08. Resumo nº 457.

2. T. Kirushanthi, H.M.J.C.Pitawala, D.Edirisinghe, D.R.Ratnaweera, T.N.Etampawala. Sílica de casca de arroz como alternativa aos enchimentos de sílica comercialmente existentes na composição de pneus. [Resumo]. In: Actas do 2º Simpósio Internacional de Investigação, Universidade Uva Wellassa; 2018 Fev 1-3; Badulla. T. Kirushanthi: IRSUWU; 2018 Jan 01. Resumo no 307.

3. T. Kirushanthi, Ratnaweera D.R, Etampawala T.N. Crumb rubber and Silica Reinforced Rubber Composites for Outdoor Flooring Applications. [Resumo]. In: Anais do 3º Simpósio Internacional Bienal de Ciência e Tecnologia de Polímeros da Universidade de Sri Jayewardenapura; 2017 Jul 13-15; Colombo. T. Kirushanthi: IIPUST; 2017 Jul 15. Resumo nº 16.

RESUMO

A utilização de produtos à base de polímeros, especialmente pneus de automóveis e garrafas de plástico, tem vindo a aumentar e, paralelamente, os seus impactos negativos no ambiente e nos seres humanos. Não só os produtos poliméricos, mas também os resíduos agrícolas são gerados em grandes quantidades e colocam sérios problemas ambientais, como a poluição do ar quando são queimados e a lixiviação de produtos químicos perigosos e tóxicos quando são depositados em aterros, pedreiras, rios e oceanos. Os resíduos agrícolas, como as cascas de arroz, têm um composto com valor económico. Em vez de os deitar fora e queimar, a extração e utilização desse composto na formulação de novos produtos é uma vantagem para a gestão dos resíduos e para o crescimento económico. Por conseguinte, é obrigatório reciclar os resíduos acima referidos ou produzir novos produtos, tais como revestimentos para pavimentos exteriores. Os revestimentos para pavimentos exteriores à base de matrizes poliméricas são um sector pequeno, mas em crescimento, no mercado mundial de revestimentos para pavimentos. Não são muito utilizados no Sri Lanka.

Um dos objectivos deste trabalho é avaliar a viabilidade da utilização de sílica extraída de cinzas de casca de arroz e de resíduos de pneus com uma matriz de borracha natural para desenvolver um novo compósito com propriedades mecânicas melhoradas, especialmente para produtos de revestimento de pavimentos, tais como tapetes, blocos de pavimento, capachos, etc. Neste trabalho, a sílica foi extraída da casca de arroz utilizando a degradação térmica juntamente com o método de precipitação. A sílica extraída foi caracterizada utilizando espetroscopia de infravermelhos com transformada de Fourier, difractometria de raios X, espetroscopia de fluorescência de raios X e microscopia eletrónica de varrimento (SEM). As imagens SEM confirmaram que a sílica extraída tem um tamanho de nanómetro a sub-micrómetro. Além disso, os nossos resultados confirmaram que a sílica extraída tem aproximadamente 98% de pureza e uma composição química e natureza amorfa comparáveis às da sílica utilizada comercialmente na composição da borracha. Inicialmente, preparámos compósitos de borracha natural incorporados em borracha fragmentada, em que a carga de borracha fragmentada (tamanho médio das partículas inferior a 125 μm) variou de 0 a 125 por cem de borracha (phr). As propriedades mecânicas dos compósitos de borracha natural à base de migalhas de borracha foram medidas e analisadas para encontrar a melhor formulação. Os resultados da caraterização mecânica revelaram que as propriedades mecânicas, como a resiliência, a resistência ao rasgamento, a resistência à tração e a percentagem de alongamento na rutura, diminuíram com o aumento da carga de borracha fragmentada, enquanto as propriedades como o módulo a 100% de alongamento, a dureza, a resistência à abrasão e a compressão aumentaram com o aumento da carga de borracha fragmentada. Além disso, verificou-se que 25 phr de borracha de migalhas proporcionam as melhores propriedades mecânicas. Para obter a melhor carga de borracha fragmentada (25 phr) com base num compósito de borracha natural, foi incorporada sílica em quantidades variáveis de 10 a 200 phr, a fim de melhorar ainda mais as propriedades mecânicas. Verificou-se que as propriedades mecânicas dos compósitos de borracha natural incorporados com sílica e borracha fragmentada apresentaram melhorias em termos de resistência, percentagem de alongamento na rutura, módulo a 100% de alongamento, dureza, resistência à abrasão e compressão. Além disso, as imagens SEM confirmam que 10 phr de sílica melhoraram as interações matriz-enchimento para produzir uma estrutura contínua e interligada, o que não foi observado no compósito de borracha carregado com migalhas. Apesar das propriedades mecânicas de 10 phr de sílica e 25 phr de compósito de borracha natural incorporado em migalhas, não é adequado para aplicações a longo prazo.

Para melhorar ainda mais, a sílica extraída foi modificada utilizando ácido oleico como agente de acoplamento. A sílica modificada foi caracterizada utilizando espetroscopia de infravermelhos com transformada de Fourier e análise termogravimétrica (TGA). A TGA da sílica modificada confirma que a sílica foi modificada com sucesso utilizando ácido oleico. Uma quantidade de 10 a 50 phr de sílica modificada foi incorporada em 25 phr de compósito carregado com borracha fragmentada para obter mais reforço. Entre eles, verificou-se que 40 phr de compósitos carregados com sílica modificada proporcionam as melhores propriedades mecânicas. No entanto, os compósitos carregados com sílica modificada e borracha de migalhas apresentaram propriedades mecânicas melhoradas em comparação com os compósitos naturais carregados com sílica não modificada.

Pode concluir-se que os compósitos de borracha natural adicionados com sílica modificada e borracha fragmentada apresentaram melhores propriedades do que os compósitos de borracha natural adicionados com sílica não modificada e borracha fragmentada, exceto no que se refere às propriedades elásticas. Além disso, conclui-se que a sílica modificada e a borracha fragmentada podem ser utilizadas como carga de reforço na matriz de borracha natural. Além disso, os compósitos de sílica modificada e borracha fragmentada devem ser comparados com os revestimentos de borracha para pavimentos disponíveis no mercado.

Outro trabalho foi realizado para utilizar resíduos plásticos de garrafas de Politereftalato de Etileno (PET) para produzir um precursor para um material polimérico como o poliuretano. O objetivo deste trabalho foi a formulação de compósitos à base de poliuretano com a incorporação de sílica extraída. Durante a reciclagem de resíduos de PET, estes foram modificados para moléculas de PET com terminação hidroxilo que foram utilizadas como precursor na formulação de poliuretano. Foram preparadas diferentes amostras de poliuretano, variando a percentagem em peso de moléculas de PET com terminação hidroxilo e diisocianato de metileno difenilo (MDI). As amostras de poliuretano formuladas foram caracterizadas por espetroscopia de infravermelhos com transformada de Fourier (FTIR), tendo os espectros revelado que a estequiometria do diisocianato e do PET modificado se encontrava numa relação de 1:1. Diferentes percentagens em peso de sílica extraída foram incorporadas com poliuretano (diisocianato: PET modificado = 1,00: 0,25). O diisocianato livre do diisocianato pode fazer uma ligação com a presença de silanol na sílica extraída, o que foi confirmado pelos resultados da técnica FTIR. Conclui-se que este poliuretano pode ser utilizado como material de amortecimento devido à incorporação de partículas de sílica.

CAPÍTULO 1

INTRODUÇÃO

1.1. Objectivos

Uma das questões mais assustadoras que o mundo enfrenta é o problema crescente dos resíduos sólidos, que prejudica a saúde pública, polui o ambiente e ameaça afogar os países em toxicidade [1]. Além disso, prevê-se que o esgotamento de matérias-primas dispendiosas e as dificuldades de gestão dos resíduos sólidos de polímeros constituam um desafio para os fabricantes. A exploração de novos compósitos que possam ser formulados utilizando resíduos pode ajudar a mitigar os problemas de acumulação relacionados com os resíduos. Este trabalho apresenta um método para utilizar três resíduos principais, ou seja, resíduos de pneus de escarpas, casca de arroz e resíduos de plástico de forma útil. Assim, esta investigação tem como objetivo a formulação de materiais compósitos de borracha natural e poliuretano carregados com partículas de sílica à escala laboratorial, adequados para ladrilhos de pavimentos exteriores. Estes compósitos à base de NR e PU foram formulados através da incorporação de cargas, tais como: sílica extraída de resíduos agrícolas de casca de arroz, sílica modificada e borracha fragmentada proveniente da conversão de resíduos de pneus, para atingir as propriedades esperadas. Além disso, a matriz de poliuretano foi fabricada a partir de precursores obtidos de resíduos plásticos despolimerizados, especialmente garrafas de Politereftalato de Etileno (PET) e diisocianato disponível comercialmente. Assim, este trabalho é uma iniciativa totalmente voltada para a gestão de resíduos através da reciclagem de resíduos industriais.

Os resíduos podem ter um valor económico quando têm a possibilidade de serem reutilizados ou reciclados de forma adequada. Se forem empregues, os problemas decorrentes dos resíduos serão atenuados e minimizados os custos de produção, poupando matérias-primas dispendiosas. Os enchimentos, a sílica, a borracha fragmentada e as garrafas PET são os principais resíduos das principais indústrias, como a agropecuária, a indústria automóvel e a indústria de plásticos, respetivamente. A adição de valor a estes resíduos através da exploração é o objetivo secundário do trabalho.

Além disso, a borracha natural em bruto é o sector integral que contribui de muitas formas para a economia do Sri Lanka, mas ganha mais com as exportações de borracha em bruto do que com os produtos finais. Se se conseguir um valor acrescentado atrativo para a borracha natural, isso será mais benéfico para as divisas locais e estrangeiras. Além disso, o poliuretano é produzido a partir de matérias-primas petroquímicas, pelo que este comércio tem de se adaptar a mais regulamentação. Assim, as matérias-primas bem estabelecidas podem ser obtidas a partir de resíduos industriais de plástico para a produção de poliuretano devido à necessidade de utilizar matérias-primas renováveis/recicláveis. Por conseguinte, um novo desenvolvimento de pavimentos à base de borracha natural e poliuretano será a melhor opção, uma vez que existe uma maior procura de pavimentos à base de polímeros no mercado atual. Além disso, a combinação de partículas de sílica e de borracha fragmentada com borracha natural/PU é a novidade deste trabalho de investigação.

Para alcançar os objectivos acima mencionados, a caraterização da sílica extraída e do PET degradado, a caraterização mecânica dos compósitos formulados, a identificação do melhor compósito que apresenta propriedades mecânicas óptimas e a comparação das propriedades mecânicas dos compósitos formulados com os ladrilhos de polímero disponíveis no mercado são realizados como objectivos específicos.

1.2. Antecedentes

1.2.1. Revestimentos para pavimentos à base de borracha

Os revestimentos para pavimentos servem para proteger as lajes dos telhados nos diferentes pisos dos edifícios e proporcionam um acabamento adequado das superfícies dos pavimentos. Atualmente, as invenções e os novos desenvolvimentos em matéria de conceção de pavimentos e de soluções de construção têm impulsionado amplamente o mercado dos revestimentos para pavimentos. Além disso, os consumidores têm-se desviado das soluções tradicionais de revestimento de pavimentos (ladrilhos de cerâmica) para materiais de revestimento de pavimentos mais práticos, económicos e ecológicos, constituídos por polímeros. Os revestimentos de piso à base de polímeros podem ser produzidos a partir de matrizes como a borracha natural, a borracha sintética, o poliuretano, a borracha recuperada e o carbonato de polivinilo [2-5]. Nos últimos anos, os revestimentos de piso à base de borracha tornaram-se uma opção de superfície mais acessível devido à sua versatilidade e durabilidade. De acordo com as estatísticas do Statista, o consumo global de borracha sintética e natural em 2017 foi de 28,4 milhões de toneladas métricas [2]. O mercado dominante da borracha é a produção de pneus na indústria automóvel, entre outros produtos de borracha, incluindo vários revestimentos para pavimentos, correias, mangueiras, vedantes de óleo, juntas, etc. [3]. Entretanto, a procura do mercado de revestimentos para pavimentos tem vindo a aumentar, prevendo-se que seja avaliado em 331,78 mil milhões de dólares americanos [4]. Neste caso, a borracha natural é uma matriz potencial para o revestimento de pavimentos em países como o Sri Lanka, onde a borracha natural tem desempenhado um papel importante desde há muitos anos, uma vez que o látex da borracha natural se encontra principalmente no nosso país [5]. Os grupos Sivilima e DSI Samson são fabricantes e distribuidores de revestimentos para pavimentos no Sri Lanka [6]. Utilizam principalmente borracha recuperada e cloreto de vinilo como materiais para os seus pavimentos. No entanto, os revestimentos para pavimentos à base de borracha natural incentivam a formulação de um produto com uma boa relação custo-eficácia, uma vez que a produção de pavimentos de borracha recuperada necessita de produtos químicos petrolíferos [7]. Além disso, a borracha natural é um material de base biológica, amigo do ambiente e apresenta propriedades mecânicas superiores após o processo de composição. Facilitam o processo de instalação durante a construção através de arestas interligadas, em comparação com a construção de ladrilhos de cerâmica. Além disso, os revestimentos de borracha para pavimentos podem ser facilmente removidos e substituídos e não podem rasgar-se e arranhar-se se um objeto afiado cair e for danificado, como mostra a Fig. 1, em comparação com o pavimento de vinil.

Além disso, os revestimentos de borracha para pavimentos podem ser eficazes para proporcionar amortecimento e proteção contra lesões causadas por impactos e uma superfície fácil de limpar, adequada para ambientes resistentes, como ginásios, caves, salas de recreio, salas de jogos e áreas de lavandaria e de serviço [8]. Por conseguinte, os revestimentos de piso à base de borracha têm mais benefícios do que outros revestimentos de piso à base de polímeros. Além disso, têm algumas desvantagens, como um odor desagradável distinto do território, o deslizamento quando a superfície está molhada e problemas de incêndio.

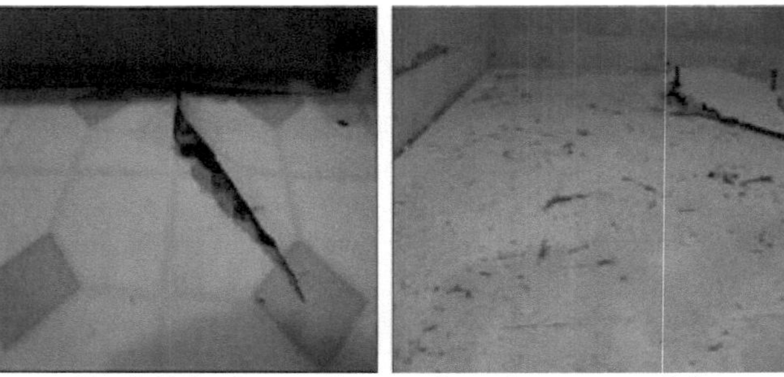

Fig. 1. Falha de revestimentos de pavimentos em vinil.

Têm sido feitos alguns esforços para produzir compósitos à base de borracha para revestimentos de pavimentos. Os compósitos à base de NR vulcanizada, negro de carbono e resíduos de couro foram formulados por compressão térmica. Devido às suas propriedades eléctricas, os compósitos exibiram o potencial para serem utilizados como pavimento antiestático [9]. Outro material de revestimento de pavimentos foi produzido utilizando a incorporação de resíduos de borracha e de couro moídos com NR. Verificou-se que as propriedades mecânicas dos vulcanizados de sucata de borracha com NR contendo partículas de couro neutralizadas conferem melhores propriedades quando comparadas com os vulcanizados contendo apenas sucata de borracha e partículas de couro não tratadas [10]. Existem formas comuns de produtos poliméricos para pavimentos, tais como: rolo de pavimento, tapete, folha, ladrilhos de interior e ladrilhos de exterior, como se mostra na Fig. 2.

Os ladrilhos para interiores e exteriores são a nova tendência no mercado devido ao processo de instalação cómodo. Por isso, parte deste trabalho é feito para o desenvolvimento de material de pavimentação utilizando borracha natural como matriz para aplicações no exterior e no interior.

Fig. 2. Diferentes formas de revestimentos de pavimentos em polímero.

1.2.1.1. Formulação de composição de borracha

A borracha natural é um elastómero derivado principalmente do látex, um coloide leitoso em meio aquoso produzido pela árvore Hevea. O látex é composto por moléculas de borracha conhecidas como cis- 1,4- poliisopreno (Fig. 3) e outros constituintes como proteínas, hidratos de carbono, esteróis e lípidos [11]. Pode ser convertido em diferentes formas secas para satisfazer aplicações específicas. A folha fumada com nervuras (RSS) é uma das formas secas de borracha natural que é mais adequada para o fabrico de produtos de borracha seca, por exemplo: pneus, solas de sapatos, produtos para pavimentos, etc. O processo de produção de RSS envolve a coagulação de látex de campo adequadamente diluído com ácido fórmico, a preparação de folhas através da compressão do coágulo utilizando rolos lisos e um rolo ranhurado e a secagem de folhas em estufas [12]. Os RSS são examinados visualmente, mantendo-os contra uma luz clara para inspecionar quaisquer manchas e impurezas que permaneçam no seu interior. De acordo com isso, são classificados em seis classes, nomeadamente No.1RSS, 1RSS, 2RSS, 3RSS, 4RS e 5RSS, com base no teor de sujidade, nos constituintes não-borracha, no peso molecular e na sua distribuição, na cor, na translucidez e nas bolhas [13].

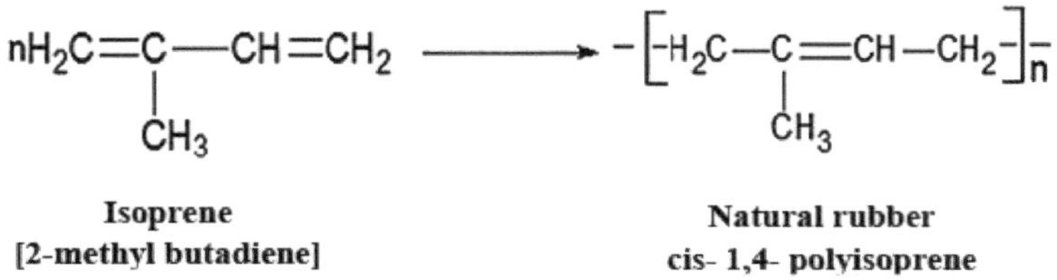

$$nH_2C{=}\underset{\underset{CH_3}{|}}{C}{-}CH{=}CH_2 \longrightarrow -\left[-H_2C{-}\underset{\underset{CH_3}{|}}{C}{=}CH{-}CH_2-\right]_n-$$

Isoprene
[2-methyl butadiene]

Natural rubber
cis- 1,4- polyisoprene

Fig. 3. A polimerização do isopreno dá origem à borracha natural.

As borrachas raramente são utilizadas na sua forma pura porque são demasiado fracas para satisfazer os requisitos dos clientes, tais como a falta de dureza, força e resistência à abrasão, bem como uma elevada elasticidade. Este problema pode ser ultrapassado através da modificação da borracha com a utilização de aditivos, tais como agentes de vulcanização e de cura, auxiliares de processamento, resistentes ao envelhecimento e cargas [14]. Cada aditivo pode ter uma função específica ou mais do que uma, que pode ser classificada de acordo com as suas funções. A composição da borracha é a ciência da seleção de vários aditivos de composição e da sua quantidade adequada para misturar e formular uma formulação de borracha benéfica que pode ser processada, que satisfaz ou excede as expectativas do cliente e que pode ter um preço competitivo. Numa determinada formulação, a borracha pura total é geralmente definida como 100 partes e os outros aditivos são racionados em relação às 100 partes de borracha (phr).

Sistema de vulcanização e cura

De um modo geral, a borracha é um material de elevado peso molecular com propriedades retardadas, como elevada elasticidade e resistência. Apesar de as moléculas de borracha estarem emaranhadas, podem facilmente desemaranhar-se devido a uma tensão externa, conduzindo a um fluxo viscoso, que se deve à falta de ligações entre as longas cadeias de borracha (Fig. 4).

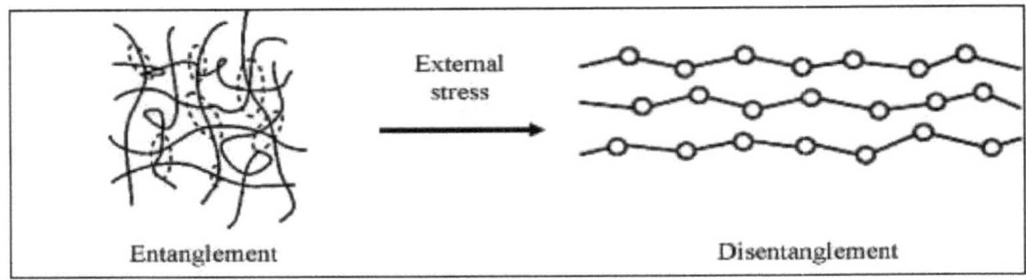

Fig. 4. Natureza das moléculas de borracha sem e com tensão externa.

Processo de vulcanização e cura em que as cadeias são quimicamente ligadas entre si para formar uma estrutura em rede. Este processo ajuda a transformar a borracha de líquido viscoso em sólido elástico. O sistema de vulcanização e cura consiste em agentes de vulcanização, aceleradores e activadores. O agente de vulcanização, como o enxofre, é utilizado para criar ligações cruzadas entre as cadeias de borracha, inventado por Charles Goodyear. As cadeias de borracha têm muitos locais activos que são adequados para atrair o enxofre. Estes locais activos são criados a partir de ligações duplas nas cadeias de borracha. Mas, posteriormente, foram utilizados vários aceleradores e activadores para controlar melhor muitos aspectos, como a taxa e a extensão do processo de vulcanização.

Na prática, os activadores podem ser compostos inorgânicos e orgânicos. Entre os compostos inorgânicos, a maioria são óxidos metálicos e, entre os compostos orgânicos, ácidos gordos superiores e seus sais, algumas aminas ou seus derivados. Os óxidos metálicos, como o óxido de zinco (ZnO), o óxido de magnésio (MgO), o óxido de cálcio (CaO) e o óxido de cádmio (CdO), bem como os ácidos carboxílicos orgânicos, como o ácido esteárico ($C_{17}H_{35}COOH$) e o ácido oleico ($C_{18}H_{34}O_2$), são os potenciais activadores do processo de vulcanização. Entre eles, a combinação de óxido de zinco e ácido esteárico é comummente utilizada em todos os produtos de borracha. Neste caso, uma molécula do componente catiónico do óxido de zinco combina-se com duas moléculas de ácido esteárico para formar um sal ou sabão de estearato de zinco ($Zn(C_{17}H_{35}COO)_2$) e água. Acredita-se que o estearato de zinco seja o ativador do processo de cura [5].

Os aceleradores são significativamente adicionados para acelerar a reação entre a borracha e o enxofre, o que diminui o tempo necessário para a vulcanização. Além disso, eles permitem reduzir a temperatura de vulcanização e o teor de enxofre nos compostos de borracha [6]. A maioria dos compostos orgânicos é utilizada na função de aceleradores. São categorizados em quatro tipos, de acordo com a sua atividade, tais como aceleradores lentos (guanidinas, algumas aldeidaminas), aceleradores rápidos (tiazóis), aceleradores muito rápidos (tiurames) e ultra-aceleradores (ditiocarbamatos, xantatos). O tipo de acelerador determina predominantemente a estrutura das ligações cruzadas da borracha nos vulcanizados de enxofre. Por exemplo, na presença de aceleradores lentos, são criadas principalmente ligações cruzadas de polissulfureto (o número de átomos de enxofre nas ligações cruzadas é frequentemente de 3 a 6) entre as cadeias de borracha, enquanto na presença de aceleradores muito rápidos o conteúdo destas ligações cruzadas é menor.

Neste trabalho, a N-tert-butil-2-benzotiazol sulfenamida (TBBS) foi utilizada como acelerador primário devido às suas caraterísticas, tais como a boa segurança de processamento, um amplo patamar de vulcanização e uma densidade óptima de ligações cruzadas, enquanto que o dissulfureto de tetrametiltiurame (TMTD) foi utilizado como acelerador secundário para atingir uma taxa de cura mais rápida e uma maior densidade de ligações cruzadas com um compromisso na segurança de queimadura.

Auxiliares de processamento

Os auxiliares de processamento são constituídos por vários óleos utilizados para baixar a viscosidade e regular a sua pegajosidade, uma vez que são parcialmente solúveis na borracha. Assim, o composto de borracha pode ser formulado com menos energia, o que leva à redução do custo do produto. Além disso, melhoram a dispersão das cargas na matriz e melhoram as propriedades físicas da borracha natural e sintética, como a elasticidade, a flexibilidade, o desempenho a baixas temperaturas, a resistência à tração e a resistência à abrasão [15].

Resistências de envelhecimento

As resistências ao envelhecimento (anti-degradantes, anti-oxidantes, anti-ozonizantes, resistências especiais ao envelhecimento, ceras de proteção) são adicionadas ao produto de borracha para inibir a reação dos componentes reactivos no contexto atmosférico. Quando expostos ao calor, ao oxigénio, ao ozono, à radiação ultravioleta e à presença de alguns metais, nomeadamente o cobre, o cobalto e o manganês, induzem a cisão da cadeia da borracha, o que provoca uma grave deterioração do composto de borracha.

Por conseguinte, os aditivos devem ser incorporados na formulação do compósito de borracha, o que ajuda a torná-lo mais duro, mais forte, mais duradouro e mais barato.

1.2.1.2. cargas utilizadas na composição da borracha

A incorporação de diferentes partículas de carga na borracha é uma prática amplamente utilizada na indústria da borracha, uma vez que a borracha sem material de reforço tem aplicações limitadas. As cargas são utilizadas principalmente para a produção de borracha de elevado desempenho, melhorando as propriedades físico-mecânicas como a dureza, a rigidez, a resistência à tração, a resistência ao rasgamento e a resistência à abrasão, bem como para a produção de produtos de baixo custo. Assim, com base na sua atividade na borracha, são classificadas como cargas não reforçantes (inactivas), cargas semi-reforçantes (semi-activas) e cargas reforçantes (muito activas) [16]. Quando se adicionam partículas de carga de reforço, a resistência da borracha pode ser aumentada em 10 vezes, o que é comprovado por estudos anteriores. Estas são maioritariamente produzidas a partir de petróleo e de fontes minerais. As propriedades das cargas, como o tamanho, a forma, a área de superfície e a atividade de superfície, controlam a eficiência do reforço [4]. A grande área de superfície e o pequeno tamanho das partículas causam fortes forças inter-partículas que criam aglomeração de partículas. Como resultado, as cargas de reforço comportam-se como partículas maiores, tal como as cargas não reforçantes. As cargas de reforço, por exemplo: negro de fumo, óxido de alumínio, carbonato de cálcio, celulose e sílica, são utilizadas no compósito de borracha.

A utilização do negro de fumo tradicional é uma carga de reforço significativa na história da borracha, uma vez que é uma carga económica [17]. Mas o petróleo é a matéria-prima para o seu fabrico. Normalmente, a estrutura de rede do negro de fumo grafítico é altamente orientada e consiste em planos paralelos com camadas de espaçamento regular. No entanto, a natureza física do negro de fumo utilizado para o reforço de borracha apresenta uma menor orientação dos cristais devido à sua forma irregular e às suas camadas minúsculas, que não têm paralelo com o carbono não grafítico. Permite uma melhor interação com a matriz de borracha, que é causada por uma reação entre os grupos funcionais presentes na superfície das partículas de negro de fumo (Fig. 5) e os radicais livres nas cadeias poliméricas [18]. Foram efectuados muitos estudos sobre compósitos de borracha com negro de fumo. Verificou-se que os compósitos com negro de fumo apresentam melhores propriedades mecânicas, o que depende principalmente da fina dispersão do material de enchimento na matriz de borracha e da melhor interação entre o negro de fumo e a matriz de borracha [19, 20].

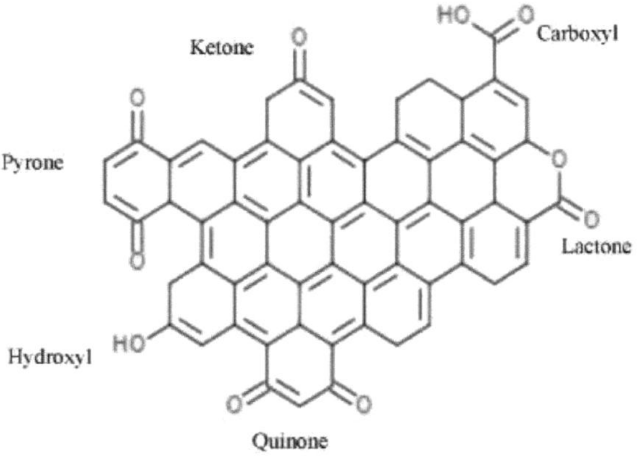

Fig. 5. Superfície do negro de fumo.

O óxido de alumínio (Al_2O_3), geralmente referido como alumina, é amplamente utilizado em aplicações de borracha, tais como: almofadas de desgaste, vedantes, etc. Em geral, as propriedades da alumina são uma baixa expansão térmica, uma boa resistência à fratura por choque térmico, uma baixa densidade, uma elevada resistência à fluência, uma boa estabilidade química e térmica, um elevado ponto de fusão e uma excelente tenacidade e resistência. Este material de enchimento tem uma forte ligação interatómica que oferece as suas propriedades desejáveis, especialmente resistência a temperaturas extremas, elevada rigidez e elevada resistência à compressão. Vinod et.al estudaram o efeito do pó de alumínio em compósitos de borracha natural preenchidos. Eles descobriram que o uso de pó de alumínio em compostos de borracha pode economizar uma quantidade considerável de energia na vulcanização de artigos espessos, aumentar a vida útil desses produtos e também dar melhor resistência ao calor para vulcanizados de borracha natural [21].

Para a borracha, são utilizadas duas formas diferentes de carbonato de cálcio ($CaCO_3$) como material de enchimento, tais como pedras naturais de lima moídas com tamanhos de partículas de 700-5000 nm e carbonato de cálcio precipitado com um tamanho médio de partículas até 40 nm. As pedras naturais de lima moídas têm uma interação relativamente fraca com a borracha devido à sua baixa área de superfície. Apesar de serem utilizadas em cargas mais elevadas, com pouca perda de suavidade, alongamento ou resiliência do composto, uma vez que são cargas pouco dispendiosas em comparação com outras cargas. Em contrapartida, o carbonato de cálcio precipitado tem uma área de superfície elevada. Por conseguinte, melhoram as propriedades da borracha do que as pedras naturais de lima moídas [22]. Fang et.al estudaram as caraterísticas dinâmicas do carbonato de cálcio nanométrico adicionado a vulcanizados de borracha natural. Verificaram que o carbonato de cálcio de tamanho nanométrico também tem uma influência significativa nas propriedades dinâmicas dos compósitos de borracha correspondentes ao polimorfo e ao tamanho das suas partículas [23]. Além disso, a mistura de borracha natural (NR) com $CaCO_3$ obtido a partir de conchas do mar e cascas de ovos aumentou a dureza, o módulo, o alongamento na rutura e a resistência à tração dos compósitos [24, 25].

Os enchimentos de base biológica, que podem ser obtidos a partir de resíduos agrícolas, são mais favoráveis à produção de produtos finais degradáveis e económicos com propriedades melhoradas. Além disso, a exploração de materiais de enchimento a partir de resíduos reduz a deposição em aterros e a sua queima nas imediações, o que conduz a problemas ambientais e de saúde pública. A lignocelulose é um dos materiais de enchimento naturais para aplicações de borracha. É o polímero mais disponível que pode ser obtido a partir dos principais componentes de todas as plantas. Além disso, a sua estrutura é constituída por grandes cadeias de polímeros com numerosos grupos hidroxilo, o que conduz a fortes ligações intermoleculares e ligações de hidrogénio entre as cadeias de celulose. Quando é incorporado na borracha como carga de reforço, o produto de borracha tem elevada resistência, elevada rigidez e é insolúvel em água.

Por exemplo, a casca de arroz é constituída por uma elevada percentagem de componentes de lignocelulose, que são cerca de 75 % em peso em comparação com outros componentes. P. Senthil Kumar et. al e L. Srisuwan et. al investigaram as propriedades mecânicas de compósitos de NR preenchidos com casca de arroz. Sublinharam o facto de os compósitos de NR apresentarem propriedades retardadas, como a resistência à tração, o alongamento na rutura e a resistência ao rasgamento. Isto pode dever-se à fraca adesão interfacial e à presença de outros componentes da casca de arroz que actuam como impurezas [26, 27].

A sílica é o segundo principal elemento encontrado na crosta terrestre. Em comparação com as cargas de reforço acima referidas, os compósitos de borracha reforçados com sílica apresentaram desempenhos excepcionais que são descritos em pormenor na parte seguinte.

1.2.1.3.Compósito de borracha natural reforçado com sílica

O dióxido de silício (SiO_2) é também referido como sílica, que pode existir em diferentes formas com diferentes métodos de fabrico. Entre as formas de sílica, tanto a sílica precipitada como a sílica fundida são amplamente utilizadas na indústria da borracha. Ambas são formas amorfas de sílica e podem ser consideradas como polímeros condensados de ácido silícico ($SiOH_4$). Além disso, ambas são fabricadas através de um método de processamento químico. Em resumo, a sílica precipitada é sintetizada por precipitação ácida a partir de uma solução de silicato obtida por reação entre silicato de sódio e sais de metais alcalino-terrosos, enquanto a sílica pirogénica é sintetizada a alta temperatura por reação de tetracloreto de silício com vapor de água.

A sílica amorfa pode ser utilizada para vários fins, como adsorvente para remover agentes corantes das águas residuais [28], materiais aglutinantes na construção civil [29] e agente de reforço para fortalecer os polímeros [30]. A aplicação da sílica amorfa como carga de reforço para substituir o negro de carbono tradicional teve início em 1950. Atualmente, tornou-se uma carga importante na indústria da borracha, uma vez que oferece vantagens substanciais, como a melhoria das propriedades físico-mecânicas devido à forte ligação (covalente) entre a carga e a borracha e a possibilidade de produzir materiais ecológicos. As propriedades mecânicas dos compósitos NR preenchidos com negro de carbono e sílica foram investigadas por Rattanasom et.al, para encontrar o melhor material de enchimento para a matriz de borracha [31]. Os compósitos preenchidos com sílica apresentaram propriedades mecânicas retardadas em comparação com os compósitos preenchidos com negro de carbono. Uma vez que a sílica não é reactiva com a matriz de borracha como o negro de carbono, o que se deve à incompatibilidade desenvolvida a partir da diferença de polaridade entre a natureza não polar da borracha natural e a natureza polar da sílica [32].

A presença de grupos hidroxilos torna a superfície da sílica altamente polar, uma vez que têm tendência para absorver moléculas de água da atmosfera, como se mostra na Fig. 6. Além disso, a aglomeração e a agregação ocorrem devido a fortes interações entre a carga e a carga. Consequentemente, verifica-se uma fraca dispersão no compósito de borracha. Por conseguinte, a utilização de sílica em compostos de borracha é frequentemente tratada à superfície com um agente de acoplamento que possui grupos hidrofóbicos e hidrofílicos, para os ligar quimicamente à borracha e melhorar a dispersão. A modificação da superfície das partículas de sílica ajuda a diminuir a energia da superfície que causa a aglomeração e a agregação das partículas.

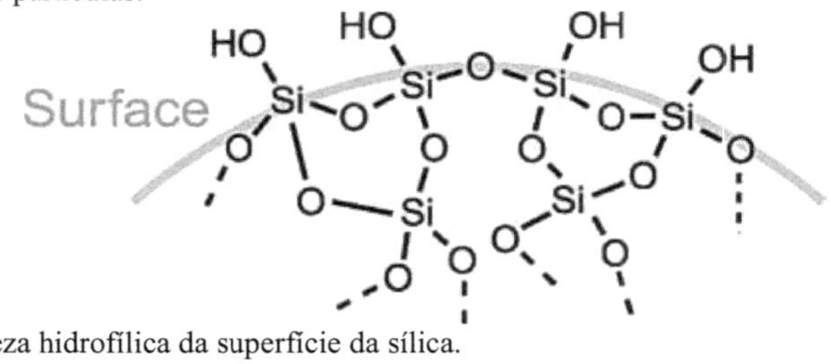

Fig. 6. Natureza hidrofílica da superfície da sílica.

Ulfah et al. referiram que o compósito de NR com adição de sílica modificada com silano apresentou propriedades reológicas e mecânicas melhoradas em comparação com o negro de carbono [33]. A sílica tratada com silano melhorou efetivamente as propriedades do compósito de NR em comparação com o compósito de sílica adicionada não tratada, o que foi experimentado por Zhang et al. e Kaewsakul et al. [34, 35]. Além disso, utilizaram diferentes agentes de acoplamento de silano para tratar a sílica. Mas descobriram que não há melhorias significativas nas propriedades dos compósitos relativamente à sílica tratada com diferentes silanos. A modificação efectiva depende muito do tempo de agitação, da temperatura e da quantidade de silano. Xu et al. verificaram que a modificação óptima da sílica com silano (KH-570 e KH-550) foi obtida à temperatura de 75 °C, tempo de agitação de 4 h e modificador de 5% (w/w) [36]. Além disso, a morfologia da borracha natural reforçada com sílica (NR) na presença e ausência de um agente de acoplamento de silano, bis (trietoxisililpropil) tetrassulfureto, foi investigada para identificar o efeito do agente de acoplamento [37]. A partir dos resultados, verificou-se que os espaços vazios em torno das partículas de sílica se formam em resultado de uma fraca interação entre o material de enchimento e o polímero na ausência de silano, ao passo que a presença de silano conduz a uma forte ligação entre o material de enchimento e a borracha, o que impede a formação de espaços vazios.

Existem alguns outros agentes de acoplamento para modificar a sílica que são compatíveis com os agentes de acoplamento de silano, como o ácido oleico, o ácido sulfónico, o ácido esteárico e o anidrido succínico [38]. As nanopartículas de sílica modificadas utilizando ácido oleico com a ajuda de tolueno e o-xileno foram investigadas e

verificou-se que a sílica modificada tem a mesma estrutura cristalina e as mesmas propriedades morfológicas das nanopartículas de sílica pura, mas com uma área superficial ultraelevada e uma gama aceitável de desaglomeração [39].

Neste trabalho, o ácido oleico foi utilizado para modificar partículas de sílica e incorporado como carga na matriz de borracha.

1.2.1.4.Sílica de resíduos agrícolas e seu efeito nas propriedades mecânicas da borracha

A sílica amorfa sintética é um material de enchimento relativamente mais caro do que o negro de fumo tradicional. Curiosamente, a sílica presente como componentes principais nas cinzas de resíduos agro-industriais, como a casca de arroz, o bagaço de cana de açúcar, a casca de café, a maçaroca de milho, a periderme de mandioca e as cinzas volantes, tem a sílica como componente principal [40, 41, 42].

A casca de arroz é um resíduo facilmente acessível no Sri Lanka, em comparação com outros resíduos agrícolas, porque o Sri Lanka é dominado pelo cultivo de arroz. Aproximadamente 20 % em peso do grão de arroz é a casca, que é o subproduto mais representativo do processamento do arroz [43, 44]. É utilizada para diferentes aplicações, tais como: combustível alternativo, biofertilizantes, absorvente em materiais de construção. No entanto, o consumo de casca de arroz para as aplicações acima referidas é muito baixo em comparação com a produção anual de arroz e a maior parte acaba no aterro ou é queimada nos arredores. Assim, a utilização da casca de arroz será uma vantagem para o desenvolvimento económico e de produtos.

Como já foi referido, a casca de arroz não pode ajudar a melhorar as propriedades dos compósitos NR, mas a cinza de casca de arroz (RHA) pode ajudar. Quando a casca de arroz arde a uma temperatura de cerca de 600-800 °C, forma-se cinza de casca de arroz, que consiste em sílica como componente principal com impurezas menores de partículas carbonosas e óxidos metálicos (Na_2O, CaO, MnO, Fe_2O_3, Al_2O_3, etc.) [45].

Neste sentido, existem muitos trabalhos sobre a utilização de RHA como carga de baixo custo para elastómeros (borracha natural e sintética) e termoplásticos (polipropileno e polietileno de alta densidade) [46, 47, 48]. Ismail e Chung investigaram o efeito da substituição parcial da sílica por cinza de casca de arroz branca em compósitos de NR. De acordo com os seus resultados, os compósitos de borracha carregados com 20 phr de RHA apresentaram propriedades mecânicas melhoradas. Quando a carga de RHA aumentou acima de 20 phr, as propriedades mecânicas diminuíram. Isto deve-se à presença de sílica com impurezas de partículas carbonosas e óxido metálico na RHA [49].

Existem várias formas de extrair a sílica da RHA através da remoção de impurezas indesejadas, tais como: condensação, pulverização catódica, decomposição térmica, precipitação, sol-gel, etc. A utilização de sílica de casca de arroz como carga de reforço em borracha natural foi experimentada por Chuayjuljit et.al. Verificaram que os compósitos adicionados de sílica de casca de arroz apresentavam propriedades semelhantes às dos compósitos adicionados de sílica disponíveis no mercado [50]. No entanto, a casca de arroz foi queimada a 600 °C durante 10 horas utilizando uma mufla, para obter sílica da casca de arroz [51]. Assim, a decomposição térmica é um método dispendioso, ao passo que o método de precipitação é um método rentável e viável para extrair sílica com o nível de pureza mais elevado em comparação com a sílica disponível no mercado e para controlar o tamanho das partículas. A sílica amorfa precipitada é produzida por um processo húmido que começa com a digestão de RHA em solução alcalina para obter uma solução de Na_2SiO_3 (silicato) e a acidulação desta solução com H_2SO_4 em condições alcalinas.

Neste trabalho, a sílica foi extraída através do método de precipitação para ser utilizada como um dos materiais de enchimento. Será a melhor tentativa de obter sílica a partir de resíduos de casca de arroz, em vez de síntese de sílica ou comércio de fora do país.

1.2.1.5. borracha fragmentada para compósitos de borracha

A borracha fragmentada é um termo tipicamente aplicado à borracha reciclada de pneus de automóveis e camiões, que consiste principalmente em borracha natural, negro de fumo e componentes de hidrocarbonetos de borracha. Há sérios riscos associados aos pneus armazenados, como incêndios incontroláveis que levam à emissão de compostos nocivos e promovem o crescimento de mosquitos e roedores, o que leva à transmissão de doenças aos seres humanos [52, 53, 54]. Atualmente, a maioria dos países não utiliza estes resíduos de forma útil, passando diretamente para a última etapa da hierarquia de gestão dos resíduos, que é a deposição em aterro. Existem formas prometedoras de reciclar os resíduos de pneus, como a trituração, a desvulcanização e a pirólise [55, 56]. Os métodos de desvulcanização e de pirólise são utilizados para recuperar matérias-primas como a borracha, o negro de fumo, o enxofre, o óleo, etc. Apesar de estes métodos consumirem grandes quantidades de químicos e energia durante o processo de reciclagem. Na pirólise, os pneus são queimados a altas temperaturas numa atmosfera isenta de ar, cujas emissões podem pôr em perigo os seres humanos, a vida selvagem e o ambiente. Por conseguinte, a trituração é um método eficiente e ecológico de gerir os resíduos de pneus, que são concentrados para produzir uma substância fina, semelhante a migalhas, conhecida como borracha fragmentada (CR) (ver Fig. 7). Esta é a forma mais aceitável porque, neste caso, a RC não necessita de qualquer processamento adicional, uma vez que compensa o custo de fabrico de novos materiais.

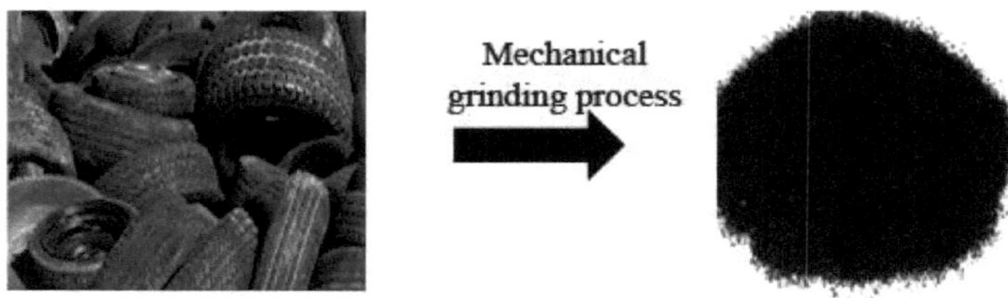

Fig. 7. Borracha fragmentada de resíduos de pneus.

Os resíduos de pneus podem ser convertidos em partículas de CR através de dois métodos diferentes: o método ambiente e o método criogénico. No método ambiente, os pneus podem ser triturados mecanicamente à temperatura ambiente, o que dá origem a partículas de CR com superfícies rugosas. No método criogénico, os pneus são congelados com azoto líquido e estilhaçados, o que dá origem a partículas de CR com superfícies lisas. Estes dois processos produzem partículas de migalhas com morfologia diferente. A especificação ASTM (D5644) classifica a borracha do miolo em quatro categorias: partículas de tamanho superior a 25 mm (1 polegada), partículas grosseiras de 25 a 5 mm (1 a 10 malhas), partículas grosseiras moídas de 2 a 0,2 mm (10 a 80 malhas) e partículas grosseiras de moagem fina de 0,2 a 0,04 mm (80 a 400 malhas) [57]. Estas partículas granulares podem ser misturadas e utilizadas como carga em composições de polímeros, elastómeros termoplásticos e também como modificador de betume e cimento. Além disso, o CR é constituído por hidrocarbonetos de borracha, negro de carbono e borracha natural como componentes principais, com componentes menores de extrato de acetona e teor de cinzas [58].

Houve muitas tentativas para conceber novos métodos de resolução do problema da reciclagem das borrachas de RC e para obter produtos alternativos baseados em materiais poliméricos reciclados. Os betões reforçados com aço com RC apresentaram resistência à corrosão, uma vez que as interfaces do cimento e da borracha reduzem a permeabilidade à água [59]. Além disso, o pavimento rodoviário de asfalto modificado com RC absorve o ruído do tráfego e proporciona um melhor desempenho do pavimento de asfalto-borracha [60, 61]. O betão modificado com CR é útil no fabrico de materiais de construção leves, uma vez que

tem uma densidade mais baixa. No entanto, as propriedades mecânicas do betão modificado com CR diminuem à medida que a carga de CR aumenta [62].
Na indústria da borracha, os produtos provenientes de resíduos de pneus reciclados, como a borracha recuperada e a borracha fragmentada, são normalmente utilizados como substitutos da borracha e cargas inactivas para misturas de borracha. Além disso, os investigadores concentraram-se principalmente em compósitos de borracha compostos por borracha natural [63]. Os compósitos NR preenchidos com borracha fragmentada/preto de carbono híbrido foram investigados, indicando que a substituição parcial do material de enchimento ativo, ou seja, o negro de carbono com CR tem uma influência favorável nas propriedades mecânicas [64]. Além disso, as propriedades mecânicas dos compósitos com CR dependem fortemente dos sistemas de cura (convencional, semi-eficiente e eficiente) utilizados na matriz de borracha e CR [65, 66]. Além disso, foi investigada a CR modificada incorporada como substituição parcial do enchimento de negro de carbono em compósitos de borracha natural, em que a CR foi quimicamente modificada utilizando diferentes concentrações de agentes oxidantes, tais como ácido nítrico e 30 % de solução de peróxido de hidrogénio. As propriedades mecânicas dos compósitos adicionados com CR quimicamente modificado melhoraram em comparação com os compósitos adicionados com CR não modificado [67]. Do mesmo modo, os compósitos de NR com enchimento de CR tratados fisicamente ajudaram a melhorar as suas propriedades. Os tratamentos físicos foram efectuados utilizando o processo de moagem, o tratamento com ozono e o tratamento ultrassónico [68].
Neste trabalho, as partículas de CR são obtidas a partir de resíduos de bandas de rodagem de pneus e são utilizadas como um dos materiais de enchimento para reforçar a borracha natural. Foram investigados compósitos de NR incorporados com partículas de CR não modificadas e cargas híbridas de sílica. Estas tentativas podem ser uma forma possível de reduzir os resíduos de pneus e evitar a poluição ambiental.

1.2.2. Materiais para pavimentos à base de poliuretano

O poliuretano (PU) é um dos materiais mais versáteis e é amplamente utilizado tanto na indústria como na vida quotidiana devido às suas propriedades vantajosas, como a sua baixa densidade e condutividade térmica, combinadas com as suas interessantes propriedades mecânicas, que o tornam um excelente isolante térmico e acústico, bem como um material estrutural e de conforto. O consumo mundial de PU foi estimado em 65,5 mil milhões de USD em 2018, prevendo-se que ultrapasse os 79 mil milhões de USD em 2021 [69, 70]. Têm sido utilizados numa vasta gama de aplicações, como mobiliário, construção, eletrónica, peças para automóveis, calçado e materiais de embalagem. O poliuretano pode apresentar-se sob a forma rígida, semi-rígida e flexível. Os poliuretanos rígidos são materiais altamente isolantes e de elevada resistência, utilizados essencialmente no sector automóvel, na construção e em aplicações de aparelhos, enquanto os poliuretanos flexíveis revelam propriedades de amortecimento, como caraterísticas elásticas e de recuperação de deformações, utilizadas na produção de mobiliário, calçado e materiais de embalagem. Atualmente, o poliuretano rígido é utilizado em todo o edifício: nas estruturas, nos pavimentos, nos tectos e nos telhados. Os pavimentos de poliuretano são geralmente macios e mais elásticos, o que os torna mais resistentes aos riscos, uma vez que a sua elasticidade tende a absorver parte do impacto. Neste trabalho foram preparados compósitos de PU reforçados com sílica para aplicações de revestimento de pavimentos.

1.2.2.1. formulação de poliuretano

O poliuretano é um polímero constituído por uma cadeia de unidades orgânicas unidas por

uma ligação uretano (- NHCOO-). Foi desenvolvido pela primeira vez em 1937 por Otto Bayer e seus colaboradores nos laboratórios da I.G. Farben em Leverkusen, Alemanha [71].
A reação química durante a síntese do poliuretano é apresentada na Fig. 8. A modificação das formulações pode ser utilizada para a preparação de PU para adquirir uma vasta gama de propriedades. Geralmente, ingredientes como o diol/poliol, o isocianato, o catalisador, o tensioativo, o agente de expansão e os aditivos são utilizados para controlar as propriedades do PU resultante.

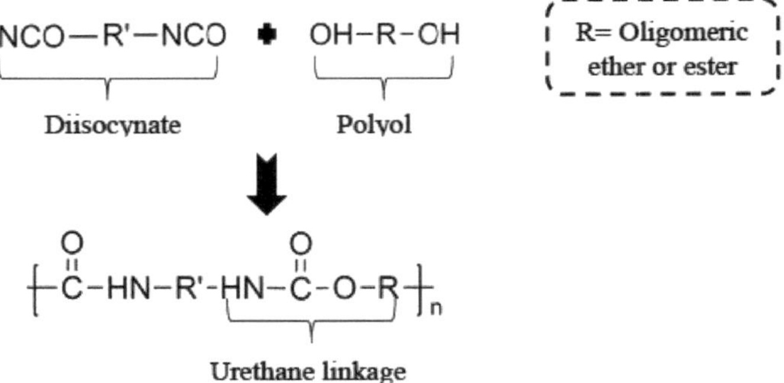

Ligação de uretano

Fig. 8. Síntese do poliuretano.

Extensores de corrente

Os extensores de cadeia são compostos de baixo peso molecular e agentes reactivos de reticulação que podem ser utilizados para modificar a estrutura e a morfologia do poliuretano produzido pela reação entre o poliol e o diisocianato. Os extensores de cadeia têm uma funcionalidade de dois ou três. Se tiverem uma funcionalidade de dois, é provável que sejam um extensor de cadeia de diol. Se tiverem uma funcionalidade de três, é provável que sejam um extensor de cadeia de triol. A escolha do extensor de cadeia também determina as propriedades de flexão, calor e resistência química. O 1, 4-butanodiol (BD) e o 1, 2-etanodiol/etilenoglicol (EG) são dois dos extensores de cadeia mais comuns; o BD é mais reativo do que o EG devido à ligação H intermolecular no EG, reduzindo a nucleofilicidade.

Agentes de sopro

A espuma de PU é fabricada através da inclusão de um agente de expansão (químico (água) ou físico (solventes de baixo ponto de ebulição)) para criar bolhas de gás que "sopram" o polímero em formação numa espuma durante a cura. Estas "bolhas" são designadas por "células". Em muitos casos, as espumas de PU são sistemas soprados com água. Existem cinco fases do processo de produção de espuma, tais como o ponto de formação de espuma, o crescimento das bolhas, o empacotamento das bolhas, a abertura das células e a cura final, como se mostra na Fig. 9. Inicialmente, a água no poliol reage com o isocianato para produzir ácido carbâmico. Este é um intermediário instável que se decompõe em dióxido de carbono e uma amina. Esta reação é exotérmica e liberta 47 kcal/mol de água. O dióxido de carbono torna-se o agente de expansão e forma as células, com a ajuda de tensioactivos/agentes de controlo de células. Por vezes, é necessário incluir um absorvente de humidade, como o pó de zeólito, para evitar que a água presente reaja com o isocianato.

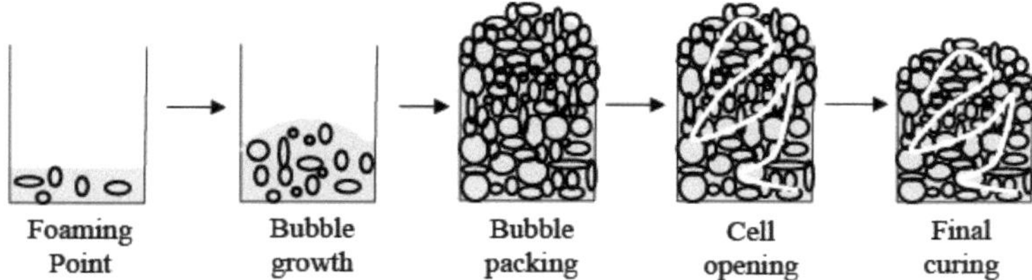

Fig. 9. Fases do processo de produção de espuma.

Tensioactivos

Os tensioactivos reduzem a tensão superficial, emulsionam ingredientes incompatíveis da formulação, promovem a nucleação de bolhas, estabilizam as células e têm um efeito significativo no tamanho das células e na permeabilidade ao ar da espuma. Também determinam o conteúdo de células abertas, controlando a taxa de adelgaçamento da película da janela (através da drenagem para as escoras) e impedindo a rutura por adelgaçamento localizado até que ocorra o evento de abertura das células. São copolímeros em bloco de polidimetilsiloxano - polioxialquileno, óleos de silicone, etoxilatos de nonilfenol e outros compostos orgânicos.

Catalisadores

Os catalisadores são utilizados para promover a reação entre isocianatos/polióis e isocianatos/agentes de expansão. Os catalisadores mais comuns são as aminas ou catalisadores de estanho e uma expansão adequada é obtida através do equilíbrio entre a polimerização (gelificação) e a geração de gás (sopro). Nesse sentido, o ajuste do tipo e da quantidade de catalisador influencia drasticamente a expansão.

Os poliuretanos apresentam uma fraqueza inerente à capacidade de resistir às intempéries e uma fraca resistência química na espinha dorsal devido à sua estrutura molecular.

1.2.2.2. O politereftalato de etileno e o seu impacto no ambiente

O poli(tereftalato de etileno) é um polímero termoplástico que pertence à família dos polímeros poliésteres, utilizado principalmente para fabricar recipientes de armazenagem para bebidas, alimentos e outros produtos domésticos e de consumo. Existem dois tipos de PET, o PET para fibras e o PET para garrafas, que são dominantes no mercado mundial [72]. Estes dois tipos de PET diferem em termos de peso molecular ou viscosidade intrínseca, propriedades ópticas e ingredientes da formulação, que diferem sobretudo em termos de quantidade e tipo de monómeros, estabilizadores, catalisadores metálicos e corantes [73]. De um modo geral, o PET pode ser fabricado através de uma simples reação de desidratação (esterificação) entre o etilenoglicol e o ácido tereftálico, como se mostra na Fig. 10. Mas esta reação envolve duas reacções diferentes. Uma é a reação de esterificação em que o ácido tereftálico (TPA) reage com o EG, formando tereftalato de bis (hidroxietilo) (BHET) como um pré-polímero. A outra é a reação de transesterificação em que o tereftalato de dimetilo (DMT) reage formando tereftalato de bis (hidroxietilo) (BHET) como pré-polímero. No início, o PET era produzido utilizando a reação de transesterificação devido à acessibilidade do DMT puro obtido por destilação. No entanto, o processo de produção de PET passou do DMT para o TPA, uma vez que o TPA altamente purificado foi obtido por recristalização no final da década de 1960.

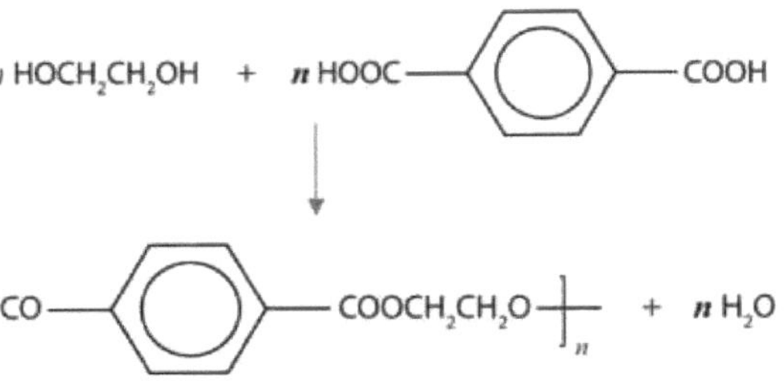

$$n\, HOCH_2CH_2OH + n\, HOOC-C_6H_4-COOH \rightarrow -[CO-C_6H_4-COOCH_2CH_2O]_n- + n\, H_2O$$

Fig. 10. Reação de polimerização do PET.

A maior parte dos recipientes para bebidas são feitos de polímero PET e o seu consumo mundial tem aumentado devido às suas excelentes propriedades, tais como leveza, boa estabilidade dimensional, capacidade de processamento, razoável estabilidade térmica e resistência à humidade, álcoois e solventes, bem como baixo custo [74]. Mas numerosos relatórios recentes indicam que as situações globais mais graves estão associadas à utilização do plástico, uma vez que é conhecido como um material não biodegradável. Pode levar mais de 400 anos a decompor-se naturalmente [75]. Trata-se de uma enorme ameaça para o ecossistema, uma vez que são depositados em aterros, a sua queima liberta gases tóxicos com efeito de estufa e provoca enormes perdas económicas. Quando o PET é deixado no aterro, sofre uma degradação fotográfica e forma partículas sólidas complexas mais pequenas. Devido a estas partículas sólidas, a cadeia alimentar de toda a população circundante pode ser afetada, o que causa riscos para a saúde. De acordo com a revista científica Science Magazine, o Sri Lanka produz 5,1 kg de resíduos por pessoa, por dia, e despeja no mar entre 0,24 e 0,64 milhões de toneladas métricas de plástico por ano [76].

Para ultrapassar estes problemas, foram realizadas muitas investigações para modificar o PET com propriedades melhoradas, como a resistência térmica e as propriedades de barreira ao oxigénio, à água e ao limoneno. O nanocompósito de PET carregado com montmorilonite (MMT) foi formulado com propriedades de barreira melhoradas para substituir este material por outros biopoliésteres [77]. No entanto, não é possível produzir em grande escala a um custo razoável. Por conseguinte, o processo de reciclagem dos resíduos de embalagens PET seria uma solução mais adequada. Estes resíduos poderiam constituir um recurso valioso, fornecendo materiais secundários a um custo económico e ambiental inferior ao dos materiais primários.

1.2.2.3. Reciclagem química do PET

O aumento do consumo de água e de refrigerantes, juntamente com a leveza das garrafas PET, criou desafios para aumentar a taxa de reciclagem de PET. No que respeita ao processo de reciclagem, atualmente o PET é reciclado através de várias técnicas. Uma das técnicas de reciclagem é a reciclagem química. É o único método que obedece aos princípios da "sustentabilidade" em comparação com outras técnicas de reciclagem, porque produz matérias-primas originais [78]. Além disso, na reciclagem química do PET não são necessários recursos suplementares para a sua produção. A principal estratégia desta técnica consiste em aumentar o rendimento do produto desejado em condições optimizadas, como a redução do tempo e da temperatura. Por conseguinte, o produto recuperado pode ser assimilado às instalações de produção de PET ou utilizado como matéria-prima para a síntese de outros polímeros de custo razoável e elevado valor económico, como os poliésteres insaturados e os poliuretanos. Este facto ajuda a reduzir o esgotamento das matérias-primas/fontes do planeta.

Os métodos de processamento químico para a reciclagem de PET podem ser divididos em hidrólise, metanólise e glicólise. Estes métodos podem ser efectuados por despolimerização total e despolimerização parcial em oligómeros e outras substâncias. Os monómeros, tais como o ácido tereftálico (TPA), o tereftalato de dimetilo (DMT) e o bis (tereftalato de 2-hidroxietilo) (BHET), são produzidos a partir da hidrólise, da metanólise e da glicólise, respetivamente, como se mostra na Fig. 11.

A hidrólise do PET é efectuada pela reação entre o PET fundido e a água em meio ácido, básico ou neutro, enquanto a metanólise é efectuada pela reação entre o metanol e o PET fundido. A glicólise é efectuada utilizando uma quantidade excessiva de agentes despolimerizantes, tais como: etilenoglicol, propilenoglicol, 1,4-butanodiol, trietilenoglicol, dietilenoglicol, polietilenoglicol, dipropilenoglicol, glicerol, etc. O processo de glicólise é muito lento sem catalisador. Com a presença de catalisador, a glicólise pode ser conduzida a uma temperatura de reação relativamente baixa, tempo de reação e sob pressão ou à pressão atmosférica. Consequentemente, muitos investigadores têm investigado métodos para aumentar a taxa de glicólise e o rendimento do glicolizado através da utilização de catalisadores eficientes e da otimização das condições de reação. A glicólise catalisada pode ser efectuada utilizando sais metálicos como o acetato de zinco, o acetato de chumbo e o acetato de cobalto, bem como cloretos metálicos como o cloreto de zinco, o cloreto de lítio, o cloreto de magnésio e o cloreto férrico [79, 80]. Frequentemente, o acetato de zinco apresenta um rendimento mais elevado na despolimerização do PET [81].

A glicólise permite utilizar quantidades muito reduzidas de reagentes, temperaturas e pressões mais baixas em comparação com outros métodos de reciclagem. Além disso, ao contrário da hidrólise em condições ácidas ou básicas, a glicólise não causa quaisquer problemas relacionados com a corrosão e a poluição. Também a recuperação de monómeros como o TPA e o DMT, que é um processo bastante complexo, afecta indiretamente a qualidade do produto final. Para além dos custos e das preocupações ambientais, o peso molecular do produto da glicólise (BHET) é superior ao do produto da hidrólise (TPA). Outra vantagem da glicólise é que o monómero produzido (BHET) pode ser misturado com BHET fresco e a mistura pode ser utilizada para as outras linhas de produção de PET.

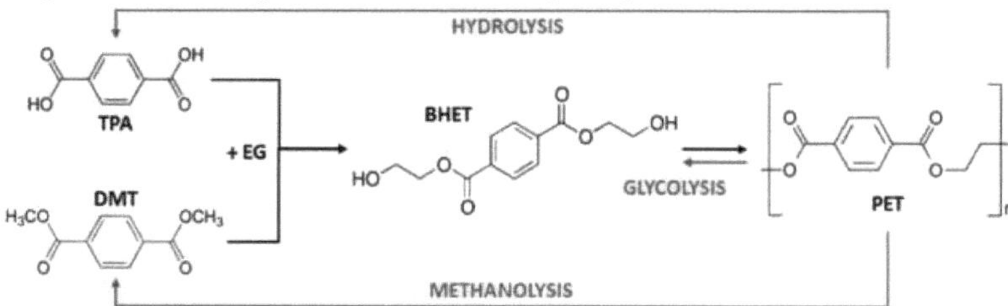

Fig. 11. Métodos de reciclagem química do PET.

1.2.2.4. Poliuretano a partir de resíduos de PET

Os monómeros ou oligómeros superiores obtidos a partir da hidrólise/glicólise do PET podem ser utilizados como precursores para sintetizar outros polímeros com valores económicos mais elevados. Por exemplo, nos últimos anos, foram sintetizados a partir destes precursores poliésteres saturados e insaturados, poliuretanos, materiais de revestimento, plastificantes e aditivos.

Entre estas aplicações, o PU é um polímero amplamente utilizado para várias aplicações, tais como pavimentos, isolamento, materiais para assentos e couro artificial. Os produtos despolimerizados de PET são de interesse devido à presença de dois grupos hidroxilo primários activos que contribuem para uma maior reatividade, sendo assim susceptíveis de reagir com isocianato para produzir ligações uretano. A síntese de PU utilizando produtos da glicólise do PET tem sido referida na literatura. Vaidya et. al estudaram os polióis poliésteres para poliuretanos a partir de resíduos de animais de estimação, tendo a glicólise dos resíduos de PET sido efectuada com etilenoglicol [82]. Do mesmo modo, Ghaderian et. al estudaram a caraterização de espuma rígida de poliuretano preparada a partir da reciclagem de resíduos de animais de companhia, tendo a glicólise sido efectuada com propilenoglicol [83]. A preparação de revestimentos de PU utilizando polióis obtidos a partir da reciclagem química de PET utilizando neopentilglicol foi investigada por Kathalewar et.al [84]. Assim, a glicólise do PET utilizando diferentes compostos de diol produz diferentes produtos de glicólise, levando a um amplo espetro de propriedades físicas do poliuretano obtido a partir destes produtos. Os resíduos de PET tratados por glicólise foram transesterificados com o óleo glicolizado e depois reagiram com diisocianato de tolueno (TDI) para obter óleo de uretano [85]. Os oligómeros de PET glicolizado podem ainda ser reagidos com glicerol bruto para formar polióis através de uma série de reacções, como a esterificação, a transesterificação, a condensação e a policondensação, que podem ser utilizadas como material de partida para a síntese de poliuretano [86]. Os oligoésteres obtidos a partir da glicólise do PET podem ser convertidos em poliol poliéster utilizando poli (etilenoglicol) e óleo de rícino [87].

1.2.2.5. Enchimentos utilizados na matriz de poliuretano

No entanto, como material estrutural, o PU tem de possuir alguma resistência, dureza, compressão e tenacidade. Os métodos mais comuns para melhorar as propriedades mecânicas das espumas de PU consistem em aumentar a sua densidade e encher com partículas de agente de reforço/enchimento. Para além disso, são utilizados para aumentar o peso e reduzir a sua inflamabilidade. As espumas de PU, que contêm cargas particuladas, denotam uma tecnologia de espuma bem estabelecida. As cargas utilizadas nas formulações de espuma de PU podem ser de natureza inorgânica ou inorgânica.

A espuma de PU é um material altamente inflamável. Por conseguinte, o enchimento orgânico, como as partículas de espuma de melamina-formaldeído pulverizadas, é introduzido no PU, que serve como aditivo retardador de chama [88]. Em geral, as espumas de densidade mais baixa requerem níveis mais elevados de melamina para passarem no teste de retardador de chama. Os materiais sólidos inorgânicos utilizados nas formulações de espumas com enchimento incluem: alumina hidratada, silicatos, carbonatos, sílica, etc. São enchidos em PU para melhorar as propriedades mecânicas, como a densidade ou a dureza, e para diminuir os custos económicos do produto final. A formação de poliuretano sofre uma reação exotérmica, que pode causar encolhimentos nas peças fundidas. A adição de cargas ajuda a evitar a contração e inibe o crescimento de bolhas, afectando a arqueologia local em torno das bolhas em crescimento.

A alumina hidratada é única entre outras cargas de baixo custo devido à sua elevada percentagem (34,6 wt.%) de moléculas de água quimicamente combinadas com a estrutura química de $Al(OH)_3$. Durante a síntese do compósito de PU de alumina hidratada, a alumina hidratada é decomposta e forma-se alumina (Al_2O_3). Esta alumina serve de camada protetora na superfície do polímero e evita que o polímero entre em contacto com a atmosfera. Norzali et al. estudaram o efeito da carga de hidróxido de alumínio nas propriedades mecânicas, de condutividade térmica, acústicas e de combustão dos compósitos de poliuretano à base de palma. Verificaram que a adição de alumina hidratada ao sistema de PU é capaz de melhorar as propriedades mecânicas, térmicas, acústicas e de combustão dos compósitos [89].

O talco pertence à família das cargas de silicato branco. É um silicato em camadas que é utilizado em materiais compósitos para reduzir os custos de produção, bem como para melhorar as suas propriedades mecânicas, físicas e químicas. Dias et al. estudaram os diferentes Talcos sintéticos como cargas para nanocompósitos de poliuretano. O seu estudo mostrou que a importância das condições de síntese do talco resulta em cargas com caraterísticas distintas, tais como composição, área superficial e cristalinidade diferentes, tornando possível a conceção de nanocompósitos com propriedades desejadas, tais como propriedades térmicas, bem como a morfologia. Além disso, em comparação com os poliuretanos virgens, os nanocompósitos de poliuretano-montmorilonite apresentam um melhor retardamento da chama, melhores propriedades de barreira ao gás, maior módulo e resistência à tração e propriedades mecânicas mais elevadas [90, 91]. As suas propriedades superiores resultam da intercalação e esfoliação de silicatos em camadas de montmorilonite com PU. Tien et al. estudaram o efeito de camadas nanométricas de silicatos nas propriedades de degradação térmica do poliuretano segmentado [92].

Na indústria de poliuretano, o carbonato de cálcio é utilizado como carga comum, geralmente a quantidade utilizada é definida aleatoriamente. É muito utilizado nessas indústrias por ser de baixo custo, não tóxico, não abrasivo e facilitar a pigmentação. Sabrina et al. estudaram a análise físico-química de espumas flexíveis de poliuretano contendo carbonato de cálcio comercial. Verificaram que o tamanho das partículas e as dispersões do carbonato de cálcio determinam as propriedades [93]. Os efeitos de diferentes tratamentos de cargas na morfologia e nas propriedades mecânicas de compósitos de espuma de poliuretano flexível foram investigados por Latinwo et.al. No seu estudo, utilizaram dois tipos de cargas: calcite ($CaCO_3$) e dolomite ($CaMg(CO_3)_2$) e as dimensões das partículas das cargas: 6 nm, 3,5µm, e 0,84 mm, variando de faixas de composição de 0 -40 wt%. Descobriram que a influência dos enchimentos na dureza de indentação do compósito de poliuretano depende fortemente do conteúdo e do tamanho das partículas dos enchimentos. Além disso, a resistência à tração e o alongamento na rutura foram reduzidos com o aumento da quantidade de carga na matriz de poliuretano para todos os tamanhos de partículas. Shahzamani et al. estudaram as cargas de $BaSO_4$, $CaCO_3$, caulino e quartzo nas propriedades mecânicas, químicas e morfológicas do poliuretano fundido. Verificaram que a resistência ao rasgamento das amostras de CaCO3 apresentava os melhores resultados. Além disso, os resultados dos ensaios mecânicos, incluindo a resistência à tração, o alongamento na rutura e o módulo, indicam que as diferentes percentagens de SiO2 podem ser um parâmetro importante na variação destas propriedades.

Na indústria de PUF, são utilizadas diferentes formas de sílica como carga, como a sílica pirogénica, a sílica precipitada e a sílica pirogénica. O efeito da sílica pirogénica nas propriedades mecânicas do PUF tem sido referido na literatura. De igual modo, Liu et. al e Frances et. al estudaram a preparação, a estrutura e as propriedades de espumas de poliuretano flexíveis preenchidas com sílica pirogénica e nano-sílica [94, 95]. Han et. al estudaram os efeitos da sílica pirogénica hidrofóbica na estrutura e propriedades de nanocompósitos de poliuretano/sílica não iónicos à base de água preparados por polimerização in situ [96]. Foi também estudado o efeito de micropartículas de sílica pirogénica nas propriedades da espuma rígida de poliuretano [97]. O efeito das cargas de nano e micro-sílica nas propriedades da espuma de poliuretano foi investigado por Javani et.al. Verificaram que a adição de partículas de nano-sílica actua como um reticulador físico adicional que aumenta o módulo do segmento flexível na matriz de poliuretano, resultando numa maior dureza e resistência à compressão [98]. Thirumal et al. investigaram o efeito de cargas como a sílica precipitada, o pó de vidro e as propriedades mecânicas, morfológicas e térmicas de espumas de PU preenchidas com carbonato de cálcio. Verificaram que as PUF preenchidas com sílica indicavam que a densidade e as propriedades mecânicas diminuíam drasticamente com o aumento da carga de carga devido à danificação das células, possivelmente devido à interação do grupo - OH na sílica e -NCO do diisocianato polimérico [99]. Com a incorporação de partículas de sílica nas cadeias poliméricas, espera-se que as partículas de sílica funcionem como ligações cruzadas multifuncionais e como carga de reforço para alterar significativamente as propriedades mecânicas e a morfologia da superfície.

São raras as investigações sobre o efeito das propriedades de compósitos de PU preenchidos com sílica precipitada. Neste trabalho, a sílica precipitada foi incorporada ao PU para reconhecer a compatibilidade entre a matriz de PU e a sílica. A sílica precipitada foi obtida a partir de resíduos agro-industriais de RHA.

1.2.3. Hipótese de investigação

A Fig. 12 mostra a estrutura bidimensional do empacotamento denso esperado das partículas no compósito final. A hipótese da investigação é análoga à estrutura densa do betão. No betão, a adição de água ao cimento forma uma pasta que é o material da matriz (adesivo) e que une os materiais de enchimento, tais como: areia e gravilha. A função das matrizes de borracha ou poliuretano é idêntica à da pasta de cimento. Estas matrizes ajudam a fixar os materiais de enchimento, como a borracha fragmentada e a sílica.

O empacotamento denso e o melhor contacto interfacial com a pasta de cimento podem ser alcançados com diferentes tamanhos de cascalho e pequenas partículas de areia que preenchem os espaços vazios entre as partículas maiores. Por conseguinte, os diferentes tamanhos das partículas de borracha do miolo, especificamente as partículas com menos de 125 µm de borracha do miolo, podem ajudar a obter um empacotamento denso e um melhor contacto interfacial com a matriz de borracha. As partículas finas de sílica preenchem os espaços vazios entre as partículas maiores.

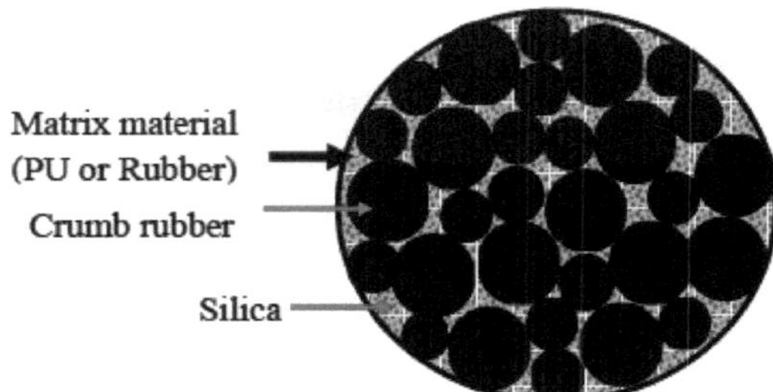

Fig. 12. Ilustração esquemática do empacotamento denso esperado de partículas no produto final.

1.2.4. Resumo do presente trabalho

O presente trabalho consiste em duas partes, como se mostra na Fig. 13. A primeira é a formulação de compósitos de NR através da incorporação de sílica proveniente de cinzas de casca de arroz e de borracha de pneus e a segunda é a formulação de PU a partir da despolimerização de garrafas PET e da incorporação de sílica como carga.

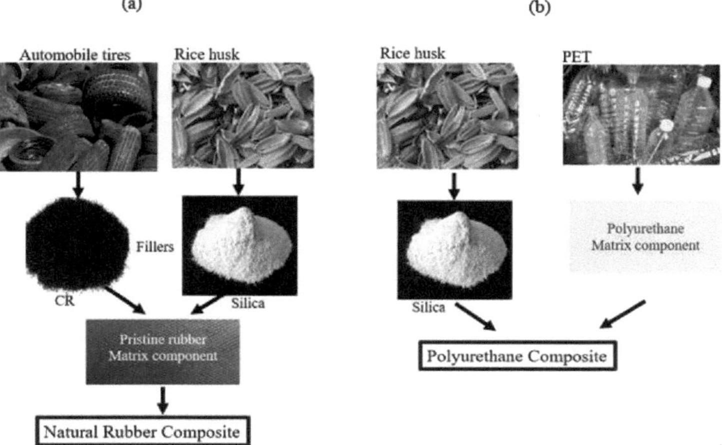

Fig. 13. Esquema da formulação de (a) compósito de borracha natural e (b) compósito de poliuretano

Após a formulação dos compósitos, estes foram caracterizados mecanicamente e comparados com ladrilhos de polímero disponíveis no mercado para verificar a sua conformidade com a utilização.

CAPÍTULO 2

MATERIAIS E MÉTODOS

2.1. Métodos experimentais

2.1.1. Extração de sílica da cinza de casca de arroz

A RHA foi recolhida de um moinho de arroz no distrito de Jaffna, Sri Lanka. A sílica foi extraída da RHA recolhida utilizando o método descrito por Palanivelu et.al com ligeiras modificações [100]. O processo de extração de sílica da casca de arroz é apresentado no fluxograma da Fig. 14.

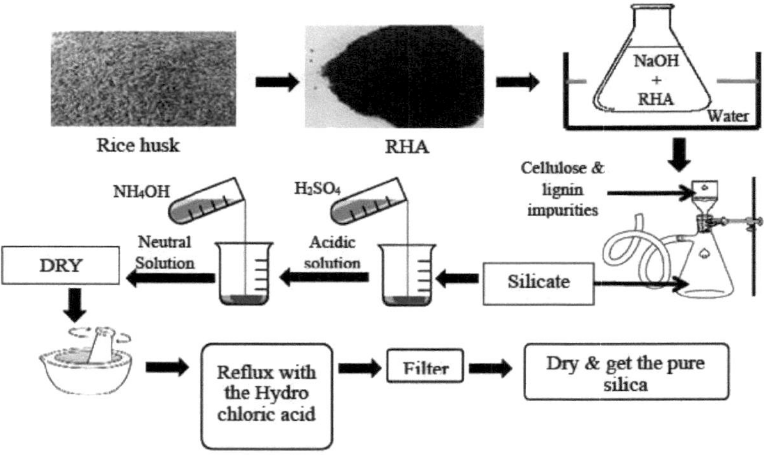

Fig. 14. Processo de extração de sílica da casca de arroz.

Inicialmente, a RHA foi peneirada para remover substâncias como: folhas secas, areia e pedras. Foram selecionadas as partículas de cinza de casca com tamanho inferior a 125 μm. Aproximadamente 100 g de cinzas peneiradas foram digeridas a 100 °C em 800 ml de solução de NaOH 3 mol dm^{-3} durante 3 horas. Este passo foi efectuado para dissolver as partículas de sílica presentes na RHA. Quando a casca de arroz arde, forma-se cinza de casca de arroz, que consiste em sílica como componente principal com impurezas menores de partículas carbonosas e óxidos metálicos (Na_2O, CaO, MnO, Fe_2O_3, Al_2O_3, etc.) [45]. Após a digestão, a mistura foi filtrada para obter a solução de silicato de sódio para remover as impurezas das partículas carbonosas. Em seguida, foram adicionados 2,5 mol dm^{-3} de H2SO4 até a solução ficar com um meio ácido (pH 6). Durante este passo, as partículas de sílica começam a precipitar. Esta mistura foi deixada a repousar durante a noite. A mistura resultante foi filtrada, lavada com água desionizada e seca para obter sílica. A sílica resultante foi refluxada com uma solução de ácido clorídrico 2 mol dm^{-3} durante 4 horas para remover os óxidos metálicos, tais como Na_2O, CaO, MnO, Fe_2O_3, Al_2O_3. Por fim, a amostra de sílica foi cuidadosamente lavada com água desionizada e seca a 50 °C numa estufa de vácuo durante uma noite para obter sílica purificada. Finalmente, o peso da sílica purificada foi medido e o rendimento foi calculado.

2.1.2. Caracterização da sílica extraída

A sílica extraída foi caracterizada utilizando espectrómetros FTIR, XRD, SEM acoplados a

EDX, TGA e XRF para identificar grupos funcionais, cristalinidade, microestrutura e morfologia com composição elementar, composição quantitativa e respetivamente.

2.1.2.1. Análise FTIR

A espetroscopia FTIR foi realizada para a análise do grupo funcional das partículas de sílica extraídas e a RHA para a elucidação dos picos de absorção, de modo a confirmar a presença das partículas de sílica extraídas. As amostras de pó seco foram misturadas homogeneamente com brometo de potássio anidro (KBr) numa proporção de 1:100. As pastilhas transparentes foram obtidas por prensagem da amostra misturada. As pastilhas preparadas foram montadas numa máquina de montagem de pastilhas e colocadas em

Espectrómetro Bruker ALPHA FTIR. Os espectros foram registados entre 400 e 4000 cm^{-1} com uma resolução de 2 cm^{-1} . Os espectros foram corrigidos na linha de base para análise posterior. Os valores do comprimento de onda são expressos em cm^{-1} .

2.1.2.2. Análise XRD

Foi utilizado um difratómetro (Rigaku Ultima IV) para analisar as estruturas das amostras de RHA e de sílica purificada. Um suporte de amostras com uma ranhura retangular de 1,6 cm × 1,1 cm × 0,8 cm foi preenchido com a amostra em pó utilizando o método de carregamento frontal. As amostras foram analisadas utilizando uma radiação Cu Kα com filtro de níquel. Foi utilizada uma gama de ângulos de Bragg (2 θ) de 2° a 60° e uma velocidade de varrimento de 2° por minuto com um passo de 0,02°. O instrumento XRD foi utilizado com uma tensão de tubo de 40 kV e uma corrente de tubo de 30 mA. O padrão estrutural foi registado e analisado.

2.1.2.3.SEM associado à análise EDX

A microscopia eletrónica de varrimento acoplada a raios X dispersivos de energia (ZEISS, modelo EVO LS15, Alemanha) foi utilizada para caraterizar a morfologia da superfície da amostra de sílica purificada. A amostra foi montada num suporte de alumínio com a ajuda de fitas adesivas de carbono de dupla face. As amostras montadas foram revestidas a ouro num pulverizador de ouro durante cerca de 3 minutos. O revestimento de ouro foi necessário para garantir a obtenção de uma superfície condutora para bombardeamento e caraterização por electrões. As áreas de interesse selecionadas foram focadas e foram tiradas micrografias. A composição elementar e a percentagem de átomos e peso dos metais presentes na superfície da amostra foram analisadas por EDX ligado ao SEM.

2.1.2.4.Análise XRF

A espetroscopia de fluorescência de raios X (XRF) foi utilizada para efetuar a análise multielementos da RHA e da sílica pura. As análises foram efectuadas num espetrómetro XRF dispersivo (Rigaku XRF Spectrometer).

2.1.3. Modificação da sílica extraída

A modificação da sílica extraída foi efectuada utilizando ácido oleico com ligeiras modificações, tal como descrito por Zongwei Li et. al. Uma quantidade adequada de sílica extraída foi dispersa em n-hexano sob agitação. O ácido oleico foi adicionado à mistura acima referida com um rácio de sílica e ácido oleico de 1: 68 [101]. A mistura resultante foi aquecida sob agitação vigorosa a 60 °C durante quatro horas. Após o aquecimento, a mistura foi arrefecida e filtrada por sucção a vácuo. O precipitado foi cuidadosamente lavado com a mistura de solventes de álcool e água desionizada. O precipitado foi mantido num exsicador a vácuo durante 24 horas.

2.1.4. Caracterização da sílica modificada

2.1.4.1. Análise FTIR

A identificação das ligações moleculares e das propriedades da sílica modificada foi efectuada utilizando o método de pastilhas de KBr no espetrómetro Bruker ALPHA FTIR.

2.1.4.2. Análise termogravimétrica

A análise termogravimétrica da sílica modificada e da sílica não modificada foi efectuada utilizando um instrumento de análise térmica (SDT Q600). Foi efectuada para estudar a eficiência da sílica tratada à superfície. Cerca de 10 mg de amostra foram colocados no cadinho de alumina TGA; foi iniciado um programa de aquecimento com uma taxa de aquecimento de 10 °C/min de 25 °C a 700 °C com ar comprimido contínuo. A perda de peso em percentagem e a sua derivada 1st foram registadas em função da temperatura.

2.1.5. Preparação da borracha fragmentada

2.1.5.1. Classificação das partículas de borracha fragmentada

Os resíduos de bandas de rodagem de pneus foram recolhidos em Badulla, no Sri Lanka. Foram bem limpos e triturados com um triturador mecânico em condições ambientais. A borracha fragmentada resultante foi peneirada com um agitador mecânico e foram selecionadas partículas de tamanho inferior a 125 µm. O processo de conversão de borracha fragmentada a partir de resíduos de pisos de pneus é apresentado no diagrama de fluxo da Fig. 15.

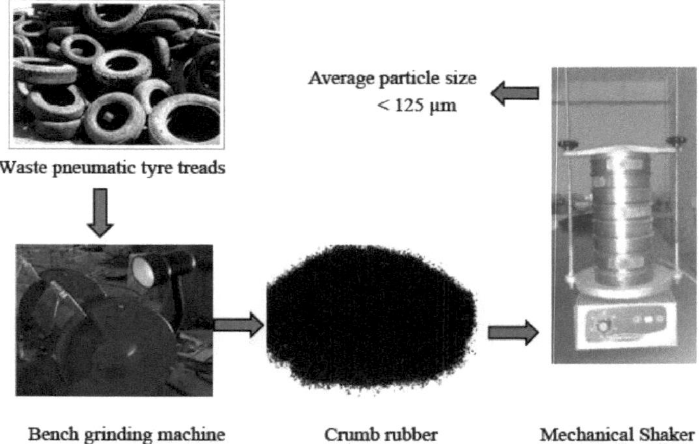

Fig. 15. Processo de conversão de borracha fragmentada de resíduos de bandas de rodagem de pneus

2.1.6. Formulação de compósitos NR

2.1.6.1. Formulação de compósitos NR carregados com borracha fragmentada

Foram preparadas sete amostras com rótulos de S0 a S6, com e sem adição de enchimentos de borracha de migalhas

de acordo com a formulação apresentada no quadro 1. Foram utilizados óxido de zinco de qualidade industrial, ácido esteárico, N-tert-butil-2-benzozole sulfenamida (TBBS), dissulfureto de tetrametil-tiurame (TMTD), N-isopropil-N'-fenil-p-fenilenodiamina (IPPD) e enxofre como carga, ativador, acelerador primário, acelerador secundário, anti-oxidante e agente de vulcanização, respetivamente. A folha de fumo com nervuras (RSS) foi obtida no mercado local. Inicialmente, a borracha foi mastigada num moinho de dois rolos, para transformar a borracha sólida em líquido viscoso. Todos os outros ingredientes foram misturados com a borracha mastigada com um ciclo de mistura de 9 minutos. As folhas compostas resultantes foram prensadas a quente com uma pressão de 1500 lb. a 150 °C para o processo de cura.

Tabela 1. Formulação para compósitos de NR carregados com borracha de migalhas.

Ingredientes	**Carregamento (phr)**						
	S0	S1	S2	S3	S4	S5	S6
RSS	100	100	100	100	100	100	100
Borracha de migalhas	0	5	10	25	50	75	125
Óxido de zinco	5	5	5	5	5	5	5
Ácido esteárico	2	2	2	2	2	2	2
TBBS	2	2	2	2	2	2	2
TMTD	0.1	0.1	0.1	0.1	0.1	0.1	0.1
IPPD	0.5	0.5	0.5	0.5	0.5	0.5	0.5
Enxofre	2.5	2.5	2.5	2.5	2.5	2.5	2.5

2.1.6.2. Formulação de compósitos de NR carregados com sílica extraída e borracha fragmentada

Foram preparadas cinco amostras diferentes, rotuladas de S7 a S11, variando a quantidade de sílica de enchimento.

Todos os outros ingredientes, exceto a sílica, foram mantidos constantes para todas as amostras. As composições das amostras são apresentadas na Tabela 2. As amostras curadas foram obtidas pressionando as folhas compostas com o mesmo procedimento descrito na formulação de compósitos carregados com borracha fragmentada.

Tabela 2. Formulação para compósitos de borracha fragmentada e NR carregada com sílica.

Ingredientes	**Carregamento (phr)**				
	S7	S8	S9	Sio	Sii
RSS	100	100	100	100	100
Borracha de migalhas	25	25	25	25	25
Sílica	10	25	75	150	200
ZnO	5.0	5.0	5.0	5.0	5.0
Ácido esteárico	2.0	2.0	2.0	2.0	2.0
TBBS	2	2	2	2	2
TMTD	0.1	0.1	0.1	0.1	0.1
IPPD	0.5	0.5	0.5	0.5	0.5
Enxofre	2.0	2.0	2.0	2.0	2.0

2.1.6.3. Formulação de compósitos de NR modificados com sílica e borracha fragmentada

De acordo com a Tabela 3, foram preparadas diferentes amostras, rotuladas de S12 a S13, variando a quantidade de sílica modificada e de óleo de processamento, mas mantendo todos os outros ingredientes constantes. O processo de composição foi efectuado utilizando dois moinhos de rolos com diferentes ciclos de mistura para aumentar a eficiência da mistura.

Tabela 3. Formulação dos compósitos de borracha fragmentada e de NR modificada com sílica.

Ingredientes	Carregamento (phr)				
	S12	S13	S14	S15	S16
RSS	100	100	100	100	100
Borracha de migalhas	25	25	25	25	25
Sílica modificada	10	20	30	40	50
Óxido de zinco	5	5	5	5	5
Ácido esteárico	2	2	2	2	2
TBBS	2	2	2	2	2
TMTD	0.1	0.1	0.1	0.1	0.1
IPPD	0.5	0.5	0.5	0.5	0.5
Enxofre	2.5	2.5	2.5	2.5	2.5
Óleo de transformação (10 % do material de enchimento)	3.5	4.5	5.5	6.5	3.5

2.1.6.4. Caracterização mecânica de compósitos de borracha fragmentada e NR carregados com sílica

Cada amostra de compósito curado foi analisada para obter as propriedades de tração, dureza, resistência ao ressalto, conjunto de compressão e perda de volume de acordo com os métodos ISO 37: 2005, ISO 48: 1994, ISO 4662-1986, ISO 815-1991 e DIN 53516 (1987), respetivamente.

2.1.6.3.1. Determinação das propriedades de tração

As propriedades de tração, tais como a resistência à tração, o alongamento na rutura e os módulos, foram medidas pelo tensómetro, como se mostra na Fig. 16 (Instron 3365- UK), em conformidade com a norma ISO 37-2005. Os provetes de ensaio de tração foram cortados a partir de amostras de borracha curada utilizando uma ferramenta de corte adequada em forma de sino. Para cada amostra, foram preparadas três réplicas. A espessura dos provetes foi medida com um medidor de espessura (Wallace, Reino Unido). Os espécimes foram ensaiados com uma velocidade de 500 mm/min da cabeça cruzada e o calibre original do extensómetro era de 25 mm. Ensaio
foi efectuada através da aplicação de uma carga uniaxial continuamente crescente até ao momento em que ocorre a rotura.

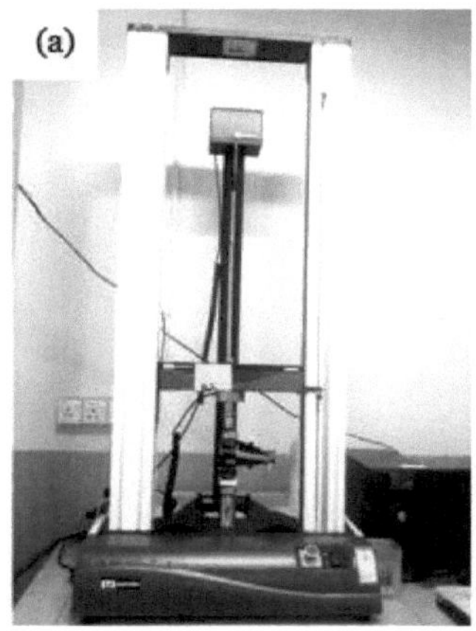

Fig. 16. Fotografias de (a) Tensómetro e (b) Medidor de espessura.

2.1.6.3.2. Determinação da resistência ao rasgamento

A resistência ao rasgamento dos provetes de ensaio foi cortada da borracha curada utilizando uma ferramenta de corte em forma de ângulo. Foram preparadas três réplicas para cada amostra. A espessura dos provetes foi medida com um medidor de espessura (Wallace, Reino Unido). Os ensaios de rutura foram realizados com um tensómetro (Instron 3365- UK), de acordo com a norma ISO 34-1:2004, e a velocidade da cabeça transversal foi de 500 mm/min. Foram obtidos e analisados gráficos de Carga Máxima Vs Extensão (Resistência ao Rasgamento).

A resistência ao rasgamento pode ser calculada utilizando a seguinte equação:

$$Resistência\ ao\ rasgamento = F / D$$

Onde F é a força, em newton, na rutura

D é a espessura média (mm)

Após o ensaio, o tensómetro fornece os valores da resistência ao rasgamento. Se a resistência ao rasgamento for elevada, a amostra tem a capacidade de resistir à força de rasgamento. Por conseguinte, a resistência ao rasgamento é o valor recíproco do valor da resistência ao rasgamento.

2.1.6.3.3. Determinação da dureza

O ensaio de dureza mede a resistência do material a um pequeno objeto rígido pressionado sobre a superfície com uma determinada força. Foram preparadas três réplicas para cada amostra. A dureza dos provetes de ensaio foi medida utilizando um instrumento IRHD (International Rubber Hardness Degrees) / Durómetro (Elastocon, Suécia), em conformidade com a norma ISO 48: 2011(E). A dimensão do provete de ensaio era de, pelo menos, 6,0 mm de espessura. O ensaio foi efectuado à temperatura ambiente. O instrumento IRHD tem um indentador esférico que faz a indentação do provete sob uma carga menor e uma carga maior. A profundidade de indentação diferencial é medida e apresentada para leitura direta em graus "IRHD". Geralmente, a dureza da borracha varia entre 10 e 100 IRHD, de acordo com a norma ISO 48.

Fig. 17. Fotografia do Durómetro.

2.1.6.3.4. Determinação da resiliência de ricochete

Quando a borracha é deformada, está envolvida uma entrada de energia, parte da qual é devolvida quando a borracha regressa à sua forma original. A parte da energia que não é devolvida como energia mecânica é dissipada como calor na borracha. A relação entre a energia devolvida e a energia aplicada é designada por resiliência. Quando a deformação é uma indentação devida a um único impacto, este rácio é designado por resiliência de ressalto.

Fig. 18. Fotografia do aparelho de ensaio de resistência ao ressalto.

O testador de resiliência Wallace é usado para medir a resiliência de rebote de espécimes na faixa de escala de 10 a 100 graus. O espécime de teste é colocado contra um suporte rígido para evitar perdas de fricção devido ao deslizamento durante o impacto. A barra de ferro do aparelho de ensaio é movida e o ponteiro é colocado na posição da escala na posição 100. Em seguida, faz-se descer a barra de ferro livremente. Quando a primeira batida é lida, a altura do ressalto é nomeadamente a resiliência de ressalto do espécime.

2.1.6.3.5. Determinação do conjunto de compressão

O conjunto de compressão é a capacidade do material de voltar à sua espessura original após tensões de compressão prolongadas. De acordo com a norma ISO 815-1991, os provetes cilíndricos são comprimidos ao longo do tempo entre duas placas planas paralelas com uma força de compressão aplicada de aproximadamente 25 % da espessura original do provete e mantidos durante 78 horas à temperatura ambiente. A espessura dos provetes é medida à medida que o elastómero perde a capacidade de voltar à sua espessura original após 78 horas de força de compressão. O conjunto de compressão é calculado a partir da seguinte fórmula:

$$Conjunto\ de\ compressão\ (\%) = \frac{t_0 - t_1}{t_0 - t_s} \times 100$$

em que, t_0 é a espessura inicial do provete (mm), t_1 é a espessura do provete após recuperação (mm) e t_s é a altura da barra espacial (distância entre placas paralelas).

Fig. 19. Fotografia do conjunto de compressão.

2.1.6.3.6. Determinação da perda de volume por abrasão

A resistência à abrasão é a capacidade de um material resistir a uma ação mecânica, como a fricção, a raspagem ou a erosão, que tende a remover progressivamente o material da sua superfície. O ensaio foi efectuado com um aparelho de ensaio de abrasão DIN, de acordo com o método DIN 53516 (1987). O aparelho de ensaio de abrasão consiste em que o provete de borracha com um suporte é atravessado por um tambor rotativo coberto com uma folha de papel abrasivo. O ensaio de abrasão é efectuado permitindo que o suporte da amostra mova a amostra de ensaio através do tambor à medida que este roda, havendo perda de peso devido à força de abrasão. A perda de peso dos provetes é medida e convertida em perda de volume por abrasão utilizando a equação abaixo. Se a perda de volume por abrasão for baixa, a resistência à abrasão é elevada.

$$Perda\ de\ volume\ por\ abrasão = \frac{(W_0 - W_1)}{\rho} \times 1000$$

Onde, W_0 é o peso inicial do provete de ensaio, W_1 é o peso do provete de ensaio após a abrasão e ρ é a densidade do provete de ensaio. A densidade do provete foi medida por um medidor de densidade.

Fig. 20. Fotografia da lixadeira DIN.

1.1.1.5. Comparação das propriedades mecânicas dos compósitos de NR formulados com os ladrilhos de borracha padrão disponíveis no mercado

As propriedades mecânicas dos ladrilhos de borracha para pavimentos standard disponíveis no mercado são apresentadas no quadro 4. A marca do ladrilho de borracha normalizado para pavimentos é Flexo. Após a preparação dos compósitos de borracha fragmentada e de NR carregados com sílica, estes foram comparados com o ladrilho de borracha normalizado disponível no mercado para verificar a sua conformidade com a utilização.

Tabela 4. Propriedades mecânicas dos ladrilhos de borracha padrão disponíveis no mercado

Mecânica Propriedades	**Resistência ao rasgamento (N/mm)**	**Conjunto de compressão (%)**	**Dureza (Shore A)**	**Resistência à abrasão** (mm^3)	**Módulo de elasticidade a 100 % de alongamento (MPa)**	**% de alongamento na rotura**
Valor	12.25	12 ou menos	55-65	≤ 0.16	2.3-4	150-300

2.1.6.6. Análise espectrométrica de compósitos de borracha do miolo e de compósitos carregados com sílica

A morfologia da secção transversal e a caraterização microestrutural dos compósitos foram observadas para examinar o interbloqueio e a estrutura contínua em toda a matriz. Isto é realizado por microscopia eletrónica de varrimento acoplada a raios X dispersivos de energia (ZEISS, modelo EVO LS15, Alemanha). As amostras foram montadas num suporte de alumínio com a ajuda de fitas adesivas de carbono de dupla face. As amostras montadas foram pulverizadas com ouro durante cerca de 3 minutos para as tornar condutoras de eletricidade.

2.1.7. Despolimerização de resíduos de PET

<u>**Método de glicólise**</u>

O processo de despolimerização das garrafas PET é apresentado no fluxograma da Fig. 21.

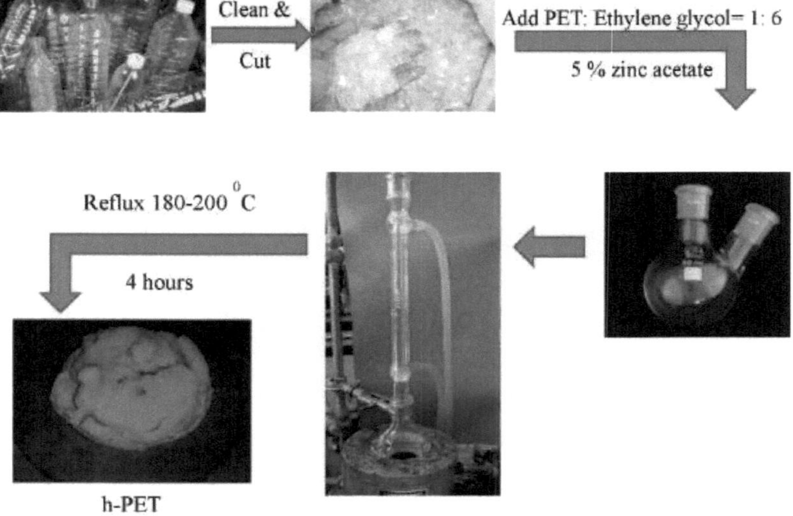

Fig. 21. Despolimerização do PET pelo método da glicólise.

Os resíduos de garrafas PET foram recolhidos e bem limpos com água destilada. Foram cortadas em pequenas aparas com dimensões de cerca de 5 mm×5 mm. As pastilhas de PET e o EG foram colocados numa proporção molar de 1:6 juntamente com 0,5 wt.% de catalisador de acetato de zinco numa instalação de refluxo. A reação de glicólise foi realizada a $180\text{-}200^0$ C sob refluxo durante cerca de 4 horas. O produto resultante foi extinto com quantidade de gelo. A mistura acima referida foi filtrada e lavada com água quente para obter o PET despolimerizado, designado por PET com terminação hidroxilo (h-PET).

Método de hidrólise

As garrafas de resíduos recolhidas foram bem limpas com água destilada. Cortaram-se em quadrados de $1 \times 1\ mm$ e mediu-se 1 g para um tubo de ebulição. Aqueceu-se lentamente até à temperatura de fusão de 260° C. Após a fusão, adicionou-se cuidadosamente uma quantidade adequada de pastilhas de hidróxido de sódio ao PET fundido a 260° C e agitou-se o meio durante 10 minutos com uma vareta de vidro. Deixou-se atingir a temperatura ambiente e adicionaram-se 10 ml de água destilada de cada vez e aqueceu-se até à ebulição. A mistura acima referida foi filtrada para separar a massa sólida e os compostos solúveis em água. À solução filtrada, adicionaram-se 70 ml de água destilada e arrefeceu-se com um banho de gelo. Adicionaram-se algumas gotas de fenolftaleína à solução fria (incolor a cor-de-rosa). A solução de HCl foi adicionada lentamente até a cor da solução desaparecer para neutralizar a mistura resultante. A mistura resultante foi mantida em água gelada durante mais 10 minutos. Finalmente, a mistura foi filtrada e bem seca para obter o ácido tereftálico (TPA) precipitado.

Fig. 22. Produto resultante da despolimerização de PET utilizando o método de hidrólise.

2.1.8. Formulação de um compósito de poliuretano utilizando PET com terminação hidroxilo

De acordo com a Tabela 5, foram preparadas diferentes amostras de PU, rotuladas de PU1 a PU4, variando a quantidade de h-PET e MDI, mas mantendo todos os outros ingredientes constantes. Todos os ingredientes foram bem misturados a 800 rpm utilizando um agitador suspenso durante 50 segundos. As amostras preparadas foram mantidas em condições atmosféricas durante 24 horas. A amostra de poliuretano obtida a partir da reação entre o MDI e o PET despolimerizado apresentou-se como um material tipo esponja, como se mostra na Fig.
23.

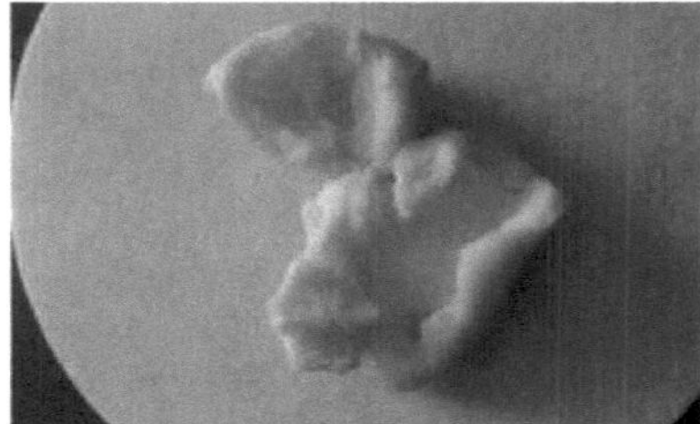

Fig. 23. Fotografia de uma amostra de poliuretano resultante da reação entre o MDI e o PET

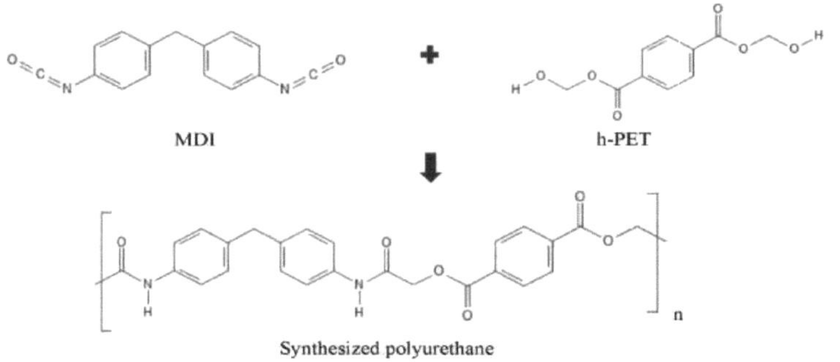

MDI

h-PET

Synthesized polyurethane

Fig. 24. Reação possível durante a síntese do poliuretano

A possível reação durante a síntese do PU corresponde à reação entre o PET despolimerizado (h-PET) e o MDI, como se mostra na Fig. 24. As amostras de PU formuladas foram analisadas usando a técnica FT-IR. Este passo foi feito para confirmar a conclusão da reação com uma quantidade excessiva de MDI, para formular o poliuretano.

Tabela 5. Formulação de amostras de poliuretano obtidas a partir de diferentes rácios de h-PET e MDI.

Amostra	**Peso %**					
	h-PET	**MDI**	**Água**	**Glicerol**	**Trietilamina**	**Surfactante**
PU1	0.1	1	0.05	0.1	0.003	0.03
PU2	0.25	1	0.05	0.1	0.003	0.03
PU3	0.5	1	0.05	0.1	0.003	0.03
PU4	1	1	0.05	0.1	0.003	0.03

2.1.9. Formulação de compósitos de poliuretano carregados com sílica

De acordo com a Tabela 6, foram preparadas diferentes amostras compostas de PU, rotuladas de PC1 a PC4, variando a quantidade de sílica, mas mantendo todos os outros ingredientes constantes. Todos os ingredientes foram bem misturados a 800 rpm utilizando um agitador suspenso durante 50 segundos. As amostras preparadas foram mantidas em condições atmosféricas durante 24 horas. As amostras de PU formuladas foram analisadas utilizando a técnica FT-IR. As amostras de poliuretano formuladas com sílica apareceram mais como materiais esponjosos do que sem a adição de sílica, como se mostra na Fig. 25. Como a sílica extraída tem um grupo hidroxilo na sua superfície, pode fazer uma ligação ao MDI. Por conseguinte, a sílica pode ser utilizada como um extensor de cadeia e formar uma estrutura de rede, como se mostra na Fig. 26.

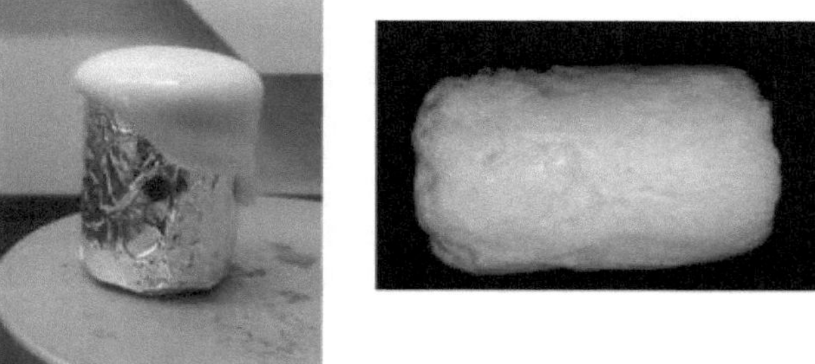

Fig. 25. Fotografia do compósito de poliuretano formulado com sílica

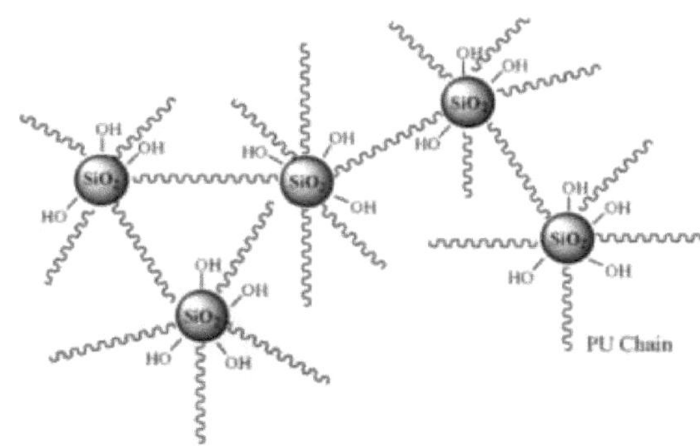

Fig. 26. Estrutura de rede esperada do compósito de poliuretano carregado com sílica

Tabela 6. Formulação de compósitos de poliuretano carregados com sílica.

Amostra	Peso %						
	h-PET	**MDI**	**Sílica**	**Água**	**Glicerol**	**Trietilamina**	**Surfactante**
PC1	0.25	1	0.2	0.05	0.1	0.003	0.03
PC2	0.25	1	0.4	0.05	0.1	0.003	0.03
PC3	0.25	1	0.6	0.05	0.1	0.003	0.03
PC4	0.25	1	0.8	0.05	0.1	0.003	0.03

2.1.10. Caracterização do PET despolimerizado

2.1.10.1. Análise FTIR de PET despolimerizado

A espetroscopia FTIR foi efectuada para a análise do grupo funcional do PET despolimerizado a partir de ambos os métodos de glicólise e hidrólise. As amostras de pó seco foram misturadas com brometo de potássio anidro (KBr) numa proporção de 1:100 de forma homogénea. As pastilhas transparentes foram obtidas por prensagem da amostra misturada. As pastilhas preparadas foram montadas num montador de pastilhas e colocadas no espetrómetro Bruker ALPHA FT-IR. Os espectros foram registados entre 400 e 4000 cm^{-1} com uma resolução de 2 cm^{-1} . Os espectros foram corrigidos na linha de base para análise posterior. Os valores do comprimento de onda são expressos em cm^{-1} .

CAPÍTULO 3

RESULTADOS E DISCUSSÃO

3.1. Produção de sílica a partir de cinzas de casca de arroz

A sílica desempenha um papel importante na indústria dos polímeros, onde é utilizada como material de enchimento. É rica em resíduos agrícolas de casca de arroz. Assim, a extração de sílica da casca de arroz é uma vantagem para o desenvolvimento económico através da utilização da casca de arroz como biomassa. Durante a extração da sílica, foram eliminados os componentes indesejáveis para os tornar aptos para a composição de polímeros. A sílica na RHA foi solubilizada em NaOH, para formar silicato de sódio solúvel em água (Na_2SiO_3). A solução de silicato de sódio foi lentamente neutralizada com uma solução de ácido sulfúrico 2,5 mol dm^{-3} até o pH atingir 7 para precipitar a sílica ($SiO_2.H_2O$). Após atingir o pH 7, a sílica foi gradualmente precipitada e conduziu à formação de um gel durante um período de 24 horas (ver Fig. 27 (a)). O gel de sílica foi filtrado e rapidamente seco para remover a água. Em seguida, o produto resultante foi refluxado com 2 mol dm^{-3} de solução de HCl para obter sílica purificada. A percentagem de rendimento da sílica extraída foi calculada utilizando a equação seguinte. Assim, a percentagem de rendimento da sílica extraída é de 92,87% em peso.

$$\text{Yield (\%)} = \frac{\textit{Weight of extracted silica}}{\textit{Initial weight of RHA}} \times 100$$

Fig. 27. Fotografia de (a) sílica gel e (b) sílica purificada.

3.2. Caracterização da sílica extraída

3.2.1. Análise FTIR

A espetroscopia de infravermelhos com transformada de Fourier (FTIR) é uma técnica analítica poderosa para análises qualitativas e quantitativas. Neste trabalho, a FTIR foi utilizada para estudar os grupos funcionais na RHA, na sílica purificada, na sílica não purificada e numa amostra comercial. Os espectros FTIR da sílica purificada na região 4000-400 cm^{-1} são apresentados na. Fig. 28. Foram identificadas as ligações químicas correspondentes ao número de onda e resumidas na Tabela 7.

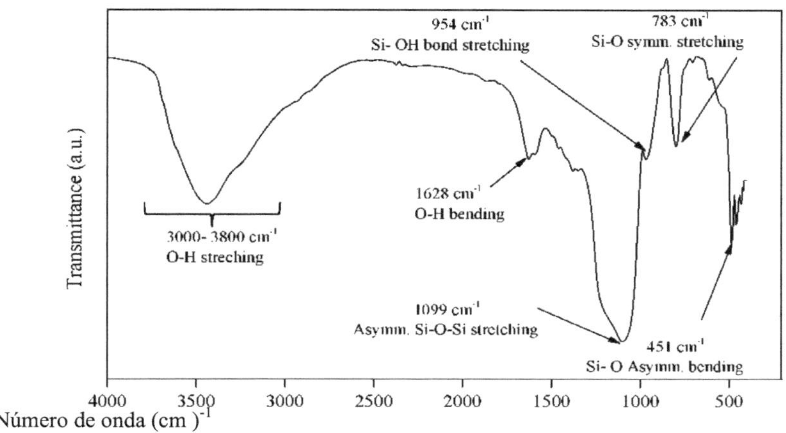

Fig. 28. Espectro FTIR de sílica purificada extraída de cinza de casca de arroz.

A banda larga observada entre 3000 e 3800 cm^{-1} é atribuída ao modo vibracional do silanol OH e/ou as interações de ligação de hidrogénio entre a água adjacente ao -OH [102, 103]. A presença de modos vibracionais de flexão de OH na rede de sílica gel é confirmada pelas bandas a 1628 cm^{-1} . A banda forte observada a 1099 cm^{-1} corresponde à vibração de estiramento assimétrico das ligações Si-O-Si. A vibração de estiramento simétrico da ligação Si-O-Si é evidente na banda a 783 cm^{-1} [104]. A banda observada a 451 cm^{-1} confirma a existência de vibração de flexão assimétrica das ligações Si-O-Si. Estas bandas confirmam a identidade da sílica extraída. Além disso, a ausência de bandas desconhecidas confirma a pureza da amostra.

Tabela 7. Atribuição das bandas espectrais da sílica extraída da cinza de casca de arroz [105].

Número de onda (cm)$^{-1}$	**Grupo funcional/ Ligação química**
3000-3800	estiramento O-H
1628	flexão O-H
1099	Estiramento assimétrico Si-O-Si
783	Estiramento simétrico Si-O-Si
451	Flexão assimétrica Si-O-Si

A Fig. 29 apresenta uma comparação dos espectros FTIR da sílica extraída antes e depois da purificação com uma sílica utilizada comercialmente numa das indústrias locais de bandas de rodagem de pneus. É claramente demonstrado que algumas bandas do padrão FTIR desapareceram após a purificação. O padrão da sílica utilizada comercialmente coincide ligeiramente com o padrão da sílica extraída após a purificação. No entanto, a banda observada entre 3000 e 3800 cm^{-1} é mais proeminente na sílica extraída do que na sílica utilizada comercialmente. Este facto pode ser atribuído ao facto de as superfícies da sílica estarem densamente cobertas por grupos - OH do que a amostra disponível no mercado, o que, por sua vez, pode provocar a adsorção de humidade.

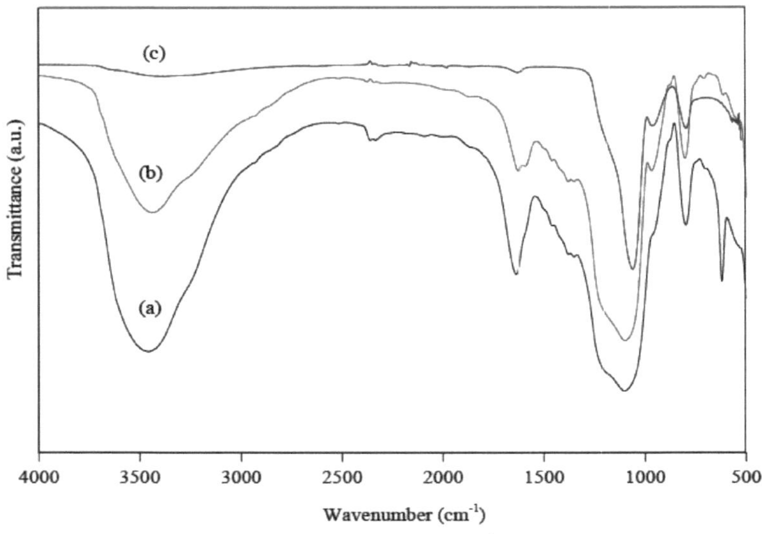

Número de onda (cm)$^{-1}$

Fig. 29. Comparação dos espectros FTIR de (a) sílica não purificada, (b) sílica purificada e (c) sílica utilizada comercialmente na indústria local de bandas de rodagem de pneus.

3.2.2. Análise XRD

As diferentes fases e a cristalinidade da sílica foram determinadas pela técnica de difração de raios X. A Fig. 30 (a) mostra o padrão de difração de raios X da sílica não purificada extraída da cinza de casca de arroz. Pode observar-se que os picos agudos com um halo largo confirmam a natureza semi-cristalina da sílica não purificada devido à presença de óxidos metálicos. Uma vez purificada por digestão ácida, os picos agudos desaparecem, como se mostra na Fig. 30 (b). O HCl reage com a forma sólida dos óxidos metálicos na sílica extraída e dá origem a produtos solúveis em água durante o processo de digestão ácida, como se mostra na Fig. 31. Depois de a mistura digerida ser filtrada, as impurezas metálicas são removidas da amostra de sílica. O halo largo com um valor de 2θ de 22 tornou-se proeminente no padrão XRD da sílica purificada. Esta é uma caraterística da sílica amorfa [106]. A natureza da sílica extraída foi comparada com a da sílica utilizada comercialmente na indústria local de bandas de rodagem de pneus.

A Fig. 30 (b) e (c) apresenta a comparação do padrão XRD da sílica purificada e da sílica utilizada comercialmente. Os padrões são praticamente os mesmos, o que confirma a pureza e a ausência de qualquer estrutura cristalina ordenada e a estrutura altamente desordenada da sílica extraída.

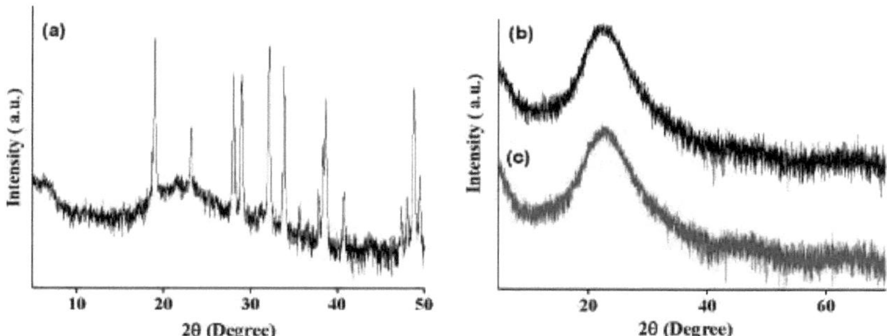

Fig. 30. Padrão de difração de raios X de (a) sílica não purificada, (b) sílica purificada por digestão ácida e (c) sílica utilizada comercialmente na indústria local de bandas de rodagem de pneus.

$$Na_2O_{(s)} + 2HCl_{(aq)} \rightarrow 2NaCl_{(aq)} + H_2O_{(l)}$$

$$CaO_{(s)} + 2HCl_{(aq)} \rightarrow CaCl_{2(aq)} + H_2O_{(l)}$$

$$MnO_{(s)} + 2HCl_{(aq)} \rightarrow MnCl_{2\,(aq)} + H_2O_{(l)}$$

$$Fe_2O_{3(s)} + 6HCl_{(aq)} \rightarrow 2FeCl_{3(aq)} + 3H_2O_{(l)}$$

$$Al_2O_{3(s)} + 6HCl_{(aq)} \rightarrow 2AlCl_{3(aq)} + 3H_2O_{(l)}$$

Fig. 31. Reacções químicas durante o processo de digestão ácida da mistura extraída da RHA

3.2.3. Análise SEM-EDX

A forma e o tamanho, bem como a distribuição das partículas de enchimento, desempenham um papel importante nas propriedades de qualquer compósito. Assim, o tamanho das partículas, a distribuição das partículas de sílica e a composição elementar foram observados utilizando a análise SEM-EDX. A micrografia das partículas de sílica extraída após a purificação é mostrada na Fig. 28. Pode ver-se que as partículas têm formas e tamanhos irregulares. Esta imagem confirma que as partículas de sílica estão aglomeradas em aglomerados maiores. No entanto, pode observar-se claramente que estes grandes aglomerados foram formados pela coalescência de partículas finas com um tamanho inferior a 1µm. É geralmente aceite que as partículas de sílica são ricas em grupos de silanol nas superfícies que causam uma forte interação dos grupos polares, tais como outras partículas de sílica ou humidade na atmosfera. A presença de grupos silanol OH foi ainda confirmada pela presença de uma banda larga entre 3000 e 3800 cm^{-1} nos dados FTIR. Estes grupos polares podem ajudar as partículas finas de sílica a juntarem-se para formar pedaços maiores, como se observa na Fig. 32.

Fig. 32. Micrografia SEM da sílica purificada.

A determinação da composição elementar das amostras foi efectuada através da técnica de difração de raios X por dispersão de energia. A Tabela 8 apresenta a composição elementar da sílica não purificada e da sílica purificada. Os espectros de EDX da sílica não purificada e da sílica purificada são apresentados nas Fig. 33 e Fig. 34. De acordo com os resultados do EDX, a sílica não purificada é composta por silício e oxigénio como elementos principais, com elementos menores de carbono, sódio, potássio, ferro e enxofre, enquanto a sílica purificada é composta apenas por elementos de silício e oxigénio. Isto indica que o processo de purificação da sílica extraída foi concluído com êxito.

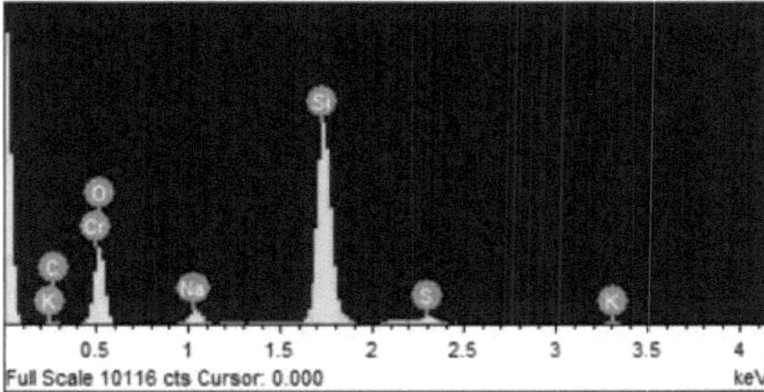

Fig. 33. Espectro de EDX da sílica não purificada.

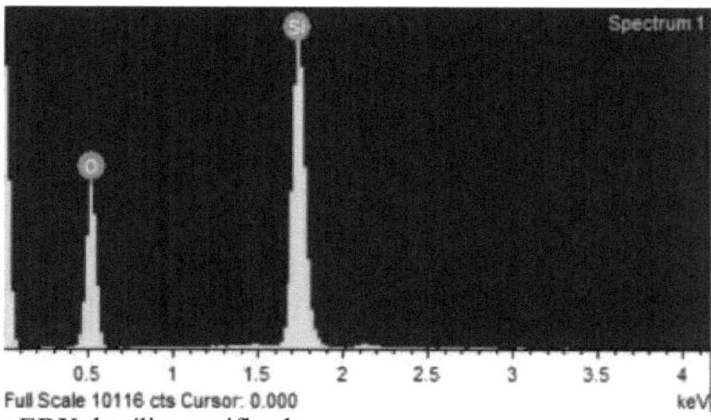

Fig. 34. Espectro EDX da sílica purificada.

Tabela 8. Composição elementar da sílica não purificada e purificada determinada pela técnica de difração de raios X por dispersão de energia.

Elemento	Percentagem de peso (%)	
	Sílica não purificada	**Sílica purificada**
C	14.11	-
O	58.08	70.42
Na	3.01	-
Si	23.12	29.58
K	0.27	-
Fe	0.07	-
S	1.33	-

3.2.4. Análise XRF

Em geral, a casca de arroz é constituída por materiais orgânicos, como a celulose, a hemicelulose e a lenhina, que representam cerca de 80 %, e o restante teor de cinzas minerais é de cerca de 20 %. As cinzas minerais contêm principalmente silício e alguns outros metais, como Na, K, Mg, Ca, Fe e Cu. Quando a casca de arroz arde, os metais são convertidos nos seus óxidos, enquanto os materiais orgânicos são convertidos em materiais carbonosos. Assim, a RHA consiste principalmente em dióxido de silício com impurezas menores de óxidos metálicos e materiais carbonosos.

A composição química da cinza de casca de arroz e da sílica purificada foi determinada pela técnica de espetroscopia de fluorescência de raios X (XRF) e apresentada no Quadro 9. Composição química da cinza de casca de arroz e da sílica purificada determinada pela técnica de espetroscopia de fluorescência de raios X. A presença de silício e de outros metais, como Na, K, Mg, Al e Mn, na forma dos seus óxidos, pode ser facilmente detectada na RHA. Além disso, os nossos resultados mostram que o SiO2 foi o principal componente presente na amostra de sílica purificada e também contém uma quantidade muito baixa de impurezas metálicas em comparação com a RHA. Os resultados confirmam que o processo de purificação por digestão ácida que foi seguido é suficiente para eliminar os vestígios de metais presentes na RHA. Para aumentar o nível de pureza da sílica, sugere-se que se aumente o tempo de digestão ácida e que se lave a sílica com água desionizada várias vezes após o processo de digestão.

Tabela 9. Composição química da cinza de casca de arroz e da sílica purificada determinada pela técnica de espetroscopia de fluorescência de raios X.

Componente	Peso % em RHA	% em peso em sílica purificada
SiO_2	94.8	98.9
Al_2O_3	0.74	0.469
SO_3	0.32	0.161
CaO	1.89	0.122
Na_2O	0.28	0.117
K_2O	1.12	0.0647
Fe_2O_3	0.30	0.0329
MnO	0.37	0.0054
TiO_2	0.10	0.0038

3.3. Caracterização da sílica modificada

3.3.1. Análise FTIR

A atribuição das bandas espectrais do ácido oleico é apresentada na Tabela 10. Os espectros FTIR (em modo difuso) do ácido oleico (OA), da sílica não modificada e da amostra de sílica modificada com OA são apresentados na Fig. 31.

Tabela 10. Atribuição das bandas espectrais do ácido oleico.

Número de onda (cm^{-1})	Grupo funcional/ Ligação química
3005	estiramento O-H
2855	estiramento simétrico CH2
2963	estiramento assimétrico CH2
1710	estiramento C=O
1462	Banda OH no plano
1409	CH3 Modo guarda-chuva
1285	estiramento C-O
937	Estiramento O-H fora do plano
712	CH2 balançando

Pode observar-se que os espectros FTIR da sílica modificada são diferentes dos da sílica não modificada, de acordo com a Fig. 35 (b) e a Fig. 35 (c). O pico a cerca de 3000 - 3800 cm^{-1} é atribuído a grupos - OH na superfície da sílica e está presente tanto nas amostras de sílica modificadas como nas não modificadas. O aparecimento de novos picos a 3005, 2855 e 2963 cm^{-1} corresponde ao estiramento O-H, ao estiramento simétrico CH2 e ao estiramento assimétrico CH2, respetivamente, foram observados nos espectros da sílica modificada com OA. Este pico é atribuído à ligação da molécula de OA à superfície da sílica, como se mostra na Fig. 36. Para além do novo pico acima mencionado, não se observaram quaisquer novos picos ou deslocamentos. Este facto pode ser atribuído à fraca interação das moléculas de OA.

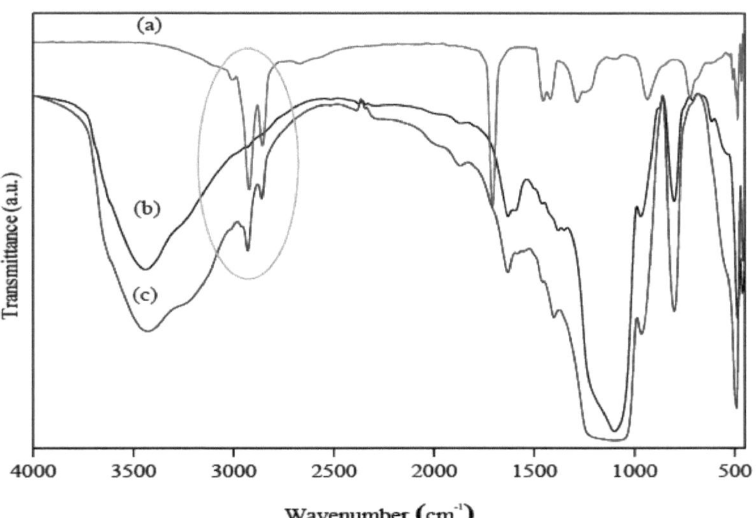

Fig. 35. Comparação dos espectros FTIR de (a) ácido oleico, (b) sílica não modificada e (c) OA
sílica modificada.

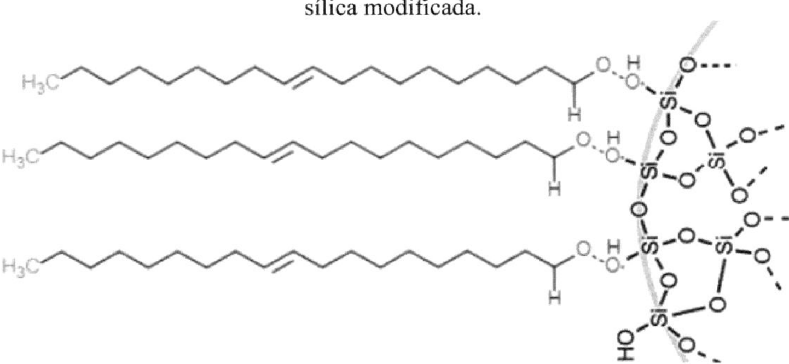

Fig. 36. Mecanismos de reação do ácido oleico à superfície da sílica.

3.3.2. Análise Termo-Gravimétrica (TGA)

A TGA foi efectuada para a sílica modificada e não modificada com OA. A Fig. 37 apresenta a perda de peso das substâncias das amostras de sílica com a gama de temperaturas de 25 a 700 °C. É claramente visível que existe uma diferença na perda de peso da sílica modificada em comparação com a sílica não modificada. De acordo com isso, a sílica modificada teve uma perda de peso inferior a 200 °C, em comparação com a sílica não modificada, o que foi atribuído a uma alteração na superfície da sílica, de hidrofílica para hidrofóbica. Confirma-se que a modificação da sílica utilizando ácido oleico é conseguida. A eficiência da modificação deve ser medida para as direcções futuras.

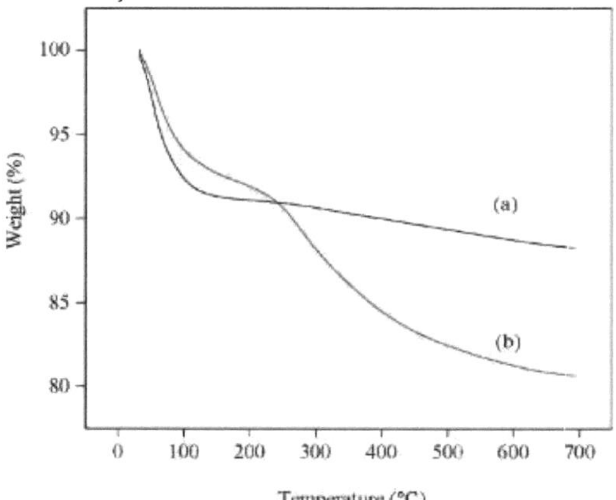

Fig. 37. Análise TGA de (a) Sílica não modificada e (b) Sílica modificada com ácido oleico.

O resumo da perda de peso por TGA da sílica modificada e não modificada com OA é apresentado na Tabela 11. A sílica não tratada e a sílica tratada com OA foram testadas em atmosfera de ar comprimido. É de notar que a perda de peso total não é a soma de apenas 1st e 2nd fases de perda de peso. A primeira fase corresponde à perda de peso da água livre absorvida à superfície e a segunda fase é devida à perda de moléculas de água da reação de condensação de dois grupos hidroxilo (grupos silanol). A perda de peso restante corresponde à diferença da soma da fase 1st e da fase 2nd do total de

A perda de peso é atribuída à decomposição elementar.

Tabela 11. Resumo da perda de peso por TGA das amostras de sílica modificadas e não modificadas.

	30-200 °C	200-700 °C	30-700 °C
Amostra	**Primeira fase (% de perda de peso)**	**Segunda fase (% de perda de peso)**	**Peso total perda %**
Si não modificado	7.90	2.66	11.73
Modificado Si	8.96	10.01	19.37

Registou-se um aumento da perda de peso total com a modificação da amostra de sílica. A alteração de peso da sílica modificada também ocorreu principalmente em duas fases. A primeira alteração de peso (30200 °C) foi atribuída à perda de água fisicamente adsorvida e de OA fracamente adsorvido. A segunda fase de alteração de peso, por volta dos 200-700 °C, foi uma grande perda de peso. Foi atribuída à condensação intermolecular da sílica e à degradação da casca orgânica (OA) na superfície da sílica. O ácido oleico pode ser adsorvido na superfície da sílica a partir do solvente através da ligação de hidrogénio dos grupos C=O e silanol da sílica, como se mostra na Fig. 36.

3.4. Caracterização de compósitos de borracha natural

3.4.1. Propriedades mecânicas dos compósitos NR carregados com borracha fragmentada

Frequentemente, os materiais são sujeitos a forças (cargas) quando são utilizados. Devido a estas forças, os materiais podem falhar em termos de deformação (alongamento, compressão e torção) ou rutura. Isto causa muitos acidentes que põem em risco a vida dos seres humanos. Por isso, a caraterização mecânica dos compósitos de borracha é muito importante em termos de aplicação para uso final e comercialização no mercado competitivo.

As propriedades mecânicas, principalmente as propriedades de tração, a dureza, a resistência ao ressalto, o conjunto de compressão e a perda de volume foram testadas nos compósitos de borracha fragmentada incorporada com borracha natural. Os compósitos foram preparados através da incorporação de borracha fragmentada e outros aditivos com borracha natural, conforme indicado no Quadro 1. As propriedades mecânicas acima mencionadas foram medidas para avaliar a amostra com propriedades mecânicas óptimas. Depois de selecionar a carga ideal de borracha fragmentada, foi adicionada sílica extraída, conforme indicado no Quadro 2, em diferentes proporções de 10 a 125 phr para reforçar ainda mais as amostras. As propriedades mecânicas acima mencionadas foram medidas para avaliar o reforço.

Fig. 38. Fotografias de compósitos NR carregados com borracha fragmentada.

3.4.1.1. Efeito da carga de borracha fragmentada nas propriedades de tração do compósito NR

A Fig.39 mostra claramente que a adição de borracha fragmentada à matriz de borracha natural resulta na diminuição da percentagem de alongamento. No entanto, os valores elevados da percentagem de alongamento na rutura sugerem que os compósitos NR carregados com borracha fragmentada são mais elásticos do que a borracha pura. Verifica-se uma alteração drástica da percentagem de alongamento entre os 10 e os 25 phr de carga de borracha fragmentada. A percentagem de alongamento da matriz de borracha natural diminui cerca de 46% em relação às amostras de borracha pura apenas com a adição de 25 phr. Todas as amostras alongam, pelo menos, 100% antes da rutura. Assim, o módulo a 100% de alongamento de todas as amostras foi medido para comparação.

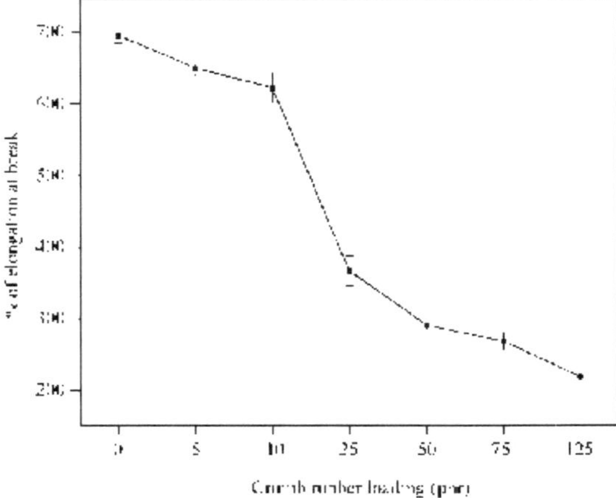

Fig. 39. Efeito do teor de borracha fragmentada na percentagem de alongamento na rotura dos compósitos NR.

O módulo aumenta à medida que a carga de borracha fragmentada aumenta e os resultados são apresentados na Fig. 40. Pode observar-se um aumento de aproximadamente 137% no módulo a 100% de alongamento quando a carga de borracha de migalhas aumenta de 10 para 25 phr. Isto indica claramente que a adição de borracha fragmentada torna a borracha mais rígida. O módulo aumenta à medida que a carga de borracha fragmentada aumenta e os resultados são apresentados na Fig. 36. Observa-se um aumento de cerca de 137% no módulo a 100% de alongamento quando a carga de borracha fragmentada aumenta de 10 para 25 phr. Isto indica claramente que a adição de borracha fragmentada torna a borracha mais rígida.

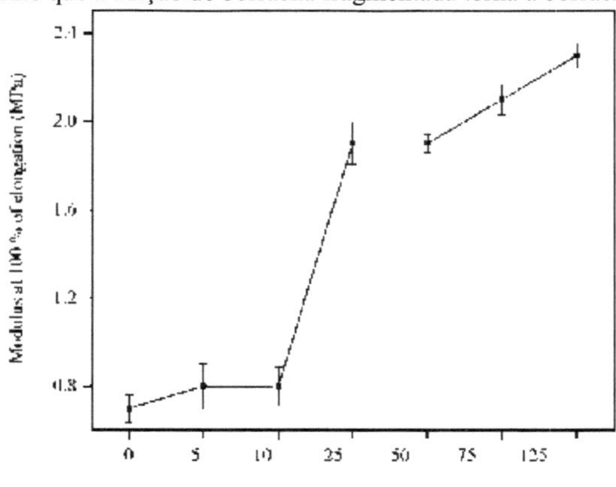

Fig. 40. Efeito do teor de borracha do miolo no módulo a 100 % de alongamento dos compósitos NR.

3.4.1.2. Efeito da carga de borracha fragmentada na resistência ao rasgamento do compósito NR

Os materiais elastoméricos falham muitas vezes devido à geração e propagação de um tipo especial de rutura chamado rasgão. É essencial medir a resistência ao rasgamento do compósito de borracha antes da sua utilização. A Fig. 41 apresenta a resistência ao rasgamento dos compósitos NR carregados com borracha fragmentada. A resistência ao rasgamento dos compósitos carregados com borracha fragmentada aumentou gradualmente até 25 phr de carga e aumentou rapidamente cerca de 6 % em relação à amostra de borracha pura. No entanto, observou-se uma diminuição rápida da resistência ao rasgamento quando a carga de borracha de migalhas se situa entre 25 e 125 phr. Estes resultados sugerem que a incorporação de borracha fragmentada em cargas baixas pode elevar a resistência ao rasgamento dos compósitos acima da sua matriz de borracha não reforçada (borracha virgem). Isto deve-se às ligações químicas e/ou físicas bem formadas entre a borracha fragmentada e a matriz de borracha. Com cargas mais elevadas, a matriz de borracha não pode ser suficiente para envolver o excesso de borracha fragmentada e mantê-la firmemente unida à matriz. Nesta fase, as amplificações de deformação entre a borracha fragmentada livre e a matriz de borracha podem promover o rasgamento da matriz de borracha, reduzindo assim a resistência ao rasgamento.

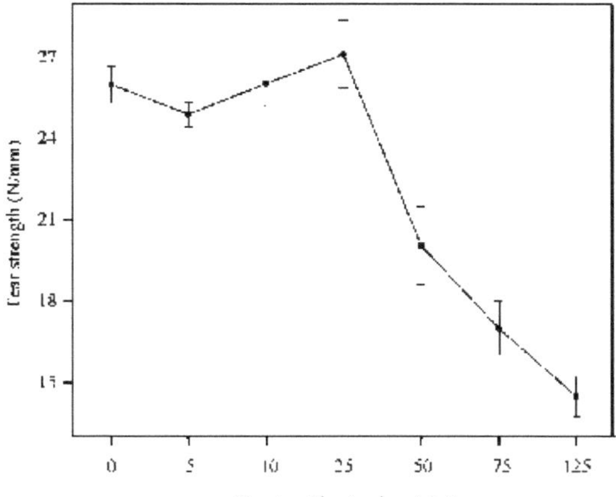

Fig. 41. Efeito do teor de borracha fragmentada na resistência ao rasgamento dos compósitos de NR.

3.4.1.3. Efeito da carga de borracha fragmentada na dureza do compósito NR

A dureza de diferentes quantidades de compósitos NR carregados com borracha de migalhas é apresentada na Fig. 42. De acordo com isso, há uma mudança significativa na dureza dos compósitos NR carregados com borracha de migalhas. Durante a conversão de bandas de rodagem de pneus em borracha fragmentada, o processo de desvulcanização não será realizado. Por conseguinte, a borracha fragmentada pode ser utilizada como material de enchimento. Assim, uma vez misturada com borracha natural, espera-se que aumente a dureza do compósito.

Conforme apresentado na Fig. 42, a dureza (shore A) dos compósitos carregados com borracha de migalhas aumentou gradualmente até 5 phr de carga e foi observado um salto rápido de cerca de 1,4% entre 5 e 10 phr. Com o aumento adicional da carga de borracha de migalhas, a dureza praticamente não se alterou. No entanto, com a adição de carga de borracha fragmentada acima de 75 phr, observou-se um rápido aumento da dureza. Por conseguinte, é melhor aumentar a repetição das medições para obter resultados exactos. Com uma carga baixa, a matriz de borracha pode ser suficiente para envolver a borracha fragmentada e mantê-la firmemente unida à matriz. No entanto, com cargas mais elevadas, o material da matriz pode não ser suficiente para unir toda a borracha fragmentada. A formação de ligações químicas entre a matriz de borracha e a borracha fragmentada já vulcanizada também é possível, uma vez que estes compósitos foram vulcanizados em fases posteriores. Uma vez que a dureza implica a resistência à introdução de corpos estranhos na sua camada de superfície, a resistência a corpos estranhos pode ser dramaticamente aumentada apenas pela adição de 10 a 50 phr de partículas de borracha fragmentada.

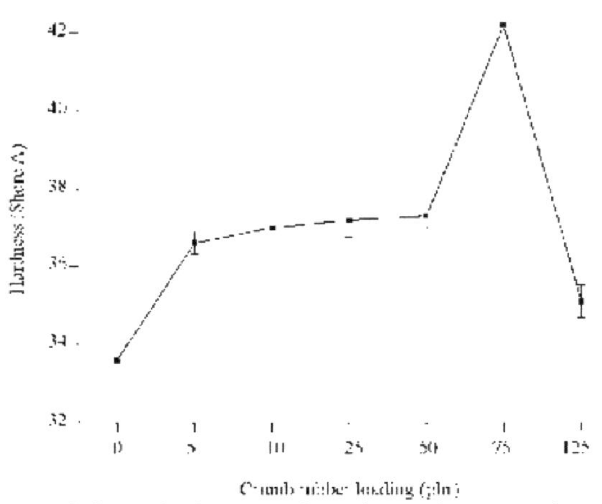

Fig. 42. Efeito do teor de borracha fragmentada na dureza dos compósitos NR.

3.4.1.4. Efeito da carga de borracha fragmentada na resistência ao ressalto do compósito NR

A resiliência de um produto à base de borracha é um parâmetro importante, uma vez que representa uma medida da sua elasticidade quando exposto a várias tensões. A Fig. 43 apresenta a resiliência de ressalto dos compósitos de NR carregados com borracha de migalhas. A resiliência diminui gradualmente de 25 phr para 125 phr de carga de borracha fragmentada. Os resultados estão de acordo com a percentagem de alongamento na rutura, o módulo a 100% de alongamento e a dureza. Quando a carga de borracha fragmentada aumenta, a probabilidade de interação com as cadeias da matriz também aumenta, o que, por sua vez, diminui a elasticidade e a mobilidade do material da matriz.

75

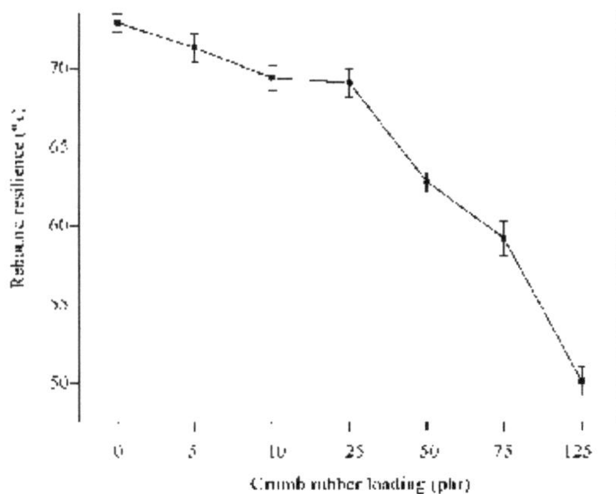

Fig. 43. Efeito do teor de borracha fragmentada na resistência ao ressalto dos compósitos NR.

3.4.1.5. Efeito da carga de borracha do miolo no conjunto de compressão do compósito NR

Os dados de um conjunto de compressão podem ser utilizados para interpretar a capacidade de um material se deformar permanentemente na presença de tensões externas. Uma percentagem mais baixa do conjunto de compressão representa uma baixa resistência e, por conseguinte, uma baixa deformação na presença de forças externas. Como se mostra na Fig. 44, a percentagem de compressão diminui gradualmente com o aumento da carga de borracha fragmentada até 25 phr, seguida de um aumento gradual até à carga de borracha fragmentada de 75 phr. No entanto, em comparação com a carga de 75 phr, a percentagem de compressão aumenta drasticamente quando se carrega 125 phr de borracha fragmentada. As observações estão de acordo com a nossa interpretação anterior. Com uma carga baixa, as cadeias da matriz interagem bem com as partículas de borracha fragmentada adicionadas, uma vez que a borracha fragmentada é um material mais duro. Com o aumento da sua fração de volume na matriz, a dureza aumenta e a percentagem de compressão diminui. Ao aumentar ainda mais a sua fração de volume, é possível agregá-las e obter aglomerados no interior da matriz com interações mínimas com as cadeias de borracha.

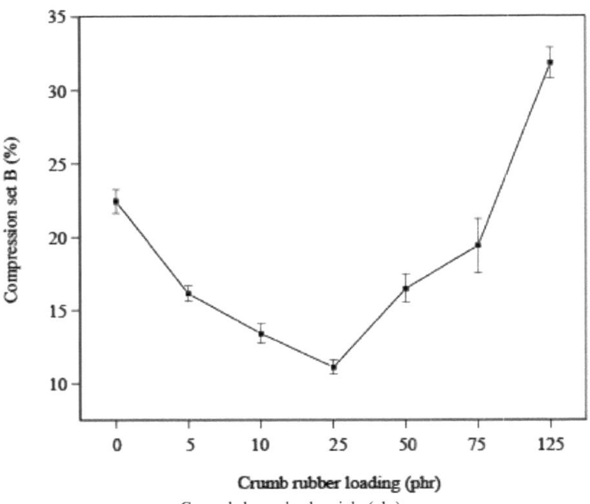

Carga de borracha do miolo (phr)

Fig. 44. Efeito do teor de borracha fragmentada no conjunto de compressão dos compósitos de NR.

3.4.1.6. Efeito da carga de borracha fragmentada na perda de volume por abrasão do compósito NR

As caraterísticas de desgaste do compósito de borracha foram estudadas por ensaio de abrasão com Din Abrader. A perda por abrasão para cada amostra é expressa em termos de perda de volume. A perda de volume dos compósitos NR carregados com borracha fragmentada é apresentada na Fig. 45. O comportamento da perda de volume é comparável ao comportamento da resiliência. A perda de volume diminui até 25 phr de amostra carregada com borracha fragmentada. A diminuição é de aproximadamente 43% em relação à amostra de borracha pura. Assim, podem descolar-se facilmente. Os resultados indicam que a resistência ao desgaste das matrizes de borracha pode ser significativamente melhorada através da incorporação de cerca de 25 phr de borracha fragmentada. No entanto, com um aumento adicional da carga de borracha fragmentada (50 phr), perdeu-se uma maior quantidade de material. Com uma carga de 75 phr de borracha fragmentada, a perda de volume por abrasão diminui em comparação com a carga de 75 phr. Por isso, é melhor aumentar a repetição das medições para obter resultados exactos. As cadeias de borracha não interagiam firmemente com as partículas adicionadas a uma carga mais elevada. Com uma carga de 125 phr de borracha de migalhas, a perda de volume por abrasão aumenta em comparação com a carga de 75 phr.

0.40

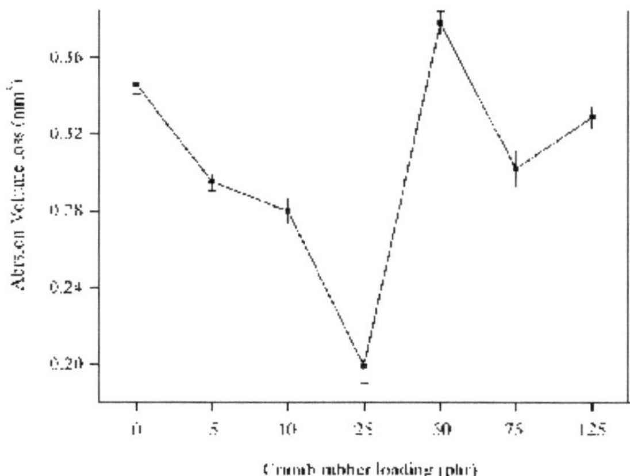

Fig. 45. Efeito do teor de borracha fragmentada na perda de volume por abrasão dos compósitos de NR.

Em suma, a incorporação de 10 a 25 phr de carga de borracha fragmentada na borracha virgem apresentou melhorias nas propriedades mecânicas, tais como resiliência, resistência ao rasgamento, resistência à tração, percentagem de alongamento na rutura, módulo a 100% de alongamento, dureza, resistência à abrasão e compressão. Assim, a formação de ligações químicas e/ou físicas entre a matriz de borracha e as partículas de borracha do miolo ocorre quando a carga de borracha do miolo é menor. Este conceito é elucidado através de uma apresentação gráfica, como mostra a Fig. 46 (b). Assim, com uma carga elevada de borracha fragmentada, que é superior a 25 phr, as propriedades mecânicas dos compósitos de borracha diminuem. Este decréscimo é atribuído ao facto de uma carga mais elevada de borracha fragmentada criar sítios insuficientes na matriz para os manter unidos à borracha, conforme representado na Fig. 46 (c). Verificou-se que a mistura de CR em cargas mais elevadas com borracha natural pura é muito difícil e as propriedades físicas também diminuem significativamente. Para ultrapassar este problema, foi utilizada sílica para melhorar as propriedades mecânicas e para resolver o problema da incorporação de CR na borracha natural pura.

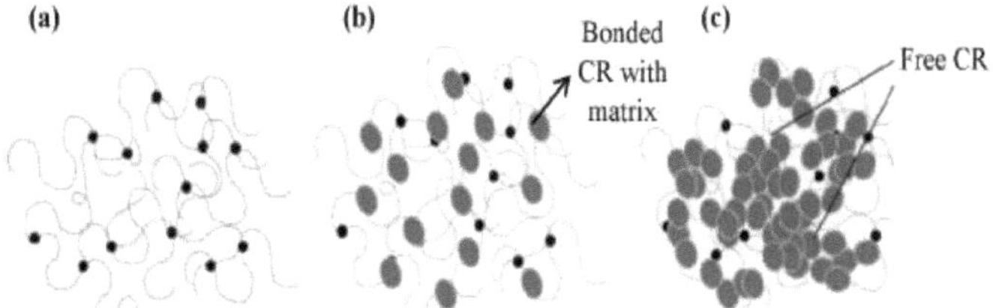

Fig. 46. Apresentação gráfica de (a) borracha reticulada, (b) 5-25 phr CR e (c) >25 phr CR composto NR carregado.

3.4.1.7. Comparação das propriedades mecânicas dos compósitos NR carregados com borracha fragmentada com os ladrilhos de borracha padrão disponíveis no mercado

O quadro 12 apresenta a comparação das propriedades mecânicas dos compósitos NR carregados com borracha fragmentada com os ladrilhos de borracha padrão disponíveis no mercado. A marca do ladrilho de borracha para pavimentos é Flexo. De acordo com o Quadro 12, todas as propriedades mecânicas dos compósitos de NR carregados com borracha pura, 5 e 10 phr de CR não estão em conformidade com o ladrilho de borracha padrão. As propriedades mecânicas, tais como: a compressão (%), a resistência à abrasão, o módulo de alongamento a 100% e a percentagem de alongamento na rutura do compósito de NR com 25 phr de CR, estão ligeiramente em conformidade com a norma para pavimentos de borracha, enquanto as propriedades mecânicas, tais como: o módulo de alongamento a 100% e a percentagem de alongamento na rutura dos compósitos de NR com 75 e 125 phr de CR, estão em conformidade com a norma para pavimentos de borracha. Uma vez que o compósito NR com 25 phr de CR apresentou uma melhor comparação com o ladrilho de borracha normalizado, foi adicionada sílica ao compósito NR com 25 phr de CR para melhorar as propriedades mecânicas e obter uma formulação mais adequada para cumprir todas as propriedades mecânicas do ladrilho de borracha normalizado disponível no mercado.

Tabela 12. Propriedades mecânicas dos compósitos NR carregados com borracha fragmentada e dos ladrilhos de borracha padrão disponíveis no mercado.

		Quantidade de CR (phr)						
Propriedades mecânicas	**Borracha standard ladrilho de chão**	**0**	**5**	**10**	**25**	**50**	**75**	**125**
Resistência ao rasgamento (N/mm)	**12.25**	25.992	24.881	26.028	27.118	20.049	17.015	14.502
Conjunto de compressão (%)	**12 ou menos**	22.45	16.13	13.4	**11.092**	16.48	19.39	31.83
Dureza (Shore A)	**55-65**	33.6	36.6	37	37.2	37.3	42.2	35.1
Resistência à abrasão (mm^3)	**≤ 0.16**	0.346	0.295	0.28	**0.199**	0.378	0.302	0.329
Módulo de elasticidade a 100 % de alongamento (MPa)	**2.3-4**	0.7	0.8	0.8	**1.9**	**1.9**	**2.1**	**2.3**
% de alongamento na rutura	**150-300**	695.4	650.6	622.6	**366.7**	**290.6**	**268.1**	**217.8**

3.4.2. Compósitos de NR com adição de borracha fragmentada e sílica extraída

A partir das propriedades mecânicas globais dos compósitos NR carregados com borracha fragmentada, a maior parte das propriedades mecânicas corresponde a um ladrilho de borracha normal quando 25 phr de borracha fragmentada são carregados na borracha pura. A tensão foi efetivamente transferida para a borracha fragmentada quando a carga é óptima. Com o aumento da carga de borracha fragmentada, o grau de reforço diminui. Assim, foram selecionadas formulações carregadas com 25 phr e verificou-se se a incorporação de sílica extraída da cinza de casca de arroz pode melhorar ainda mais as propriedades mecânicas dos compósitos para cumprir a norma do ladrilho de borracha.

De acordo com o Quadro 2, foram incorporadas quantidades de 10, 25, 75, 150 e 200 phr de sílica extraída numa série de amostras de compósitos NR carregados com 25 phr de borracha fragmentada. É importante salientar que os compósitos com 75, 150 e 200 phr mostraram uma fraca capacidade de processamento quando misturados com borracha e não conseguiram vulcanizar corretamente. Assim, as propriedades mecânicas desses três compósitos não foram avaliadas. É de esperar que as pequenas partículas de sílica preencham os espaços vazios entre as grandes partículas de borracha fragmentada e formem uma fase contínua. No entanto, o excesso de sílica aumenta a incompatibilidade devido à sua natureza hidrofílica na matriz de borracha hidrofóbica.

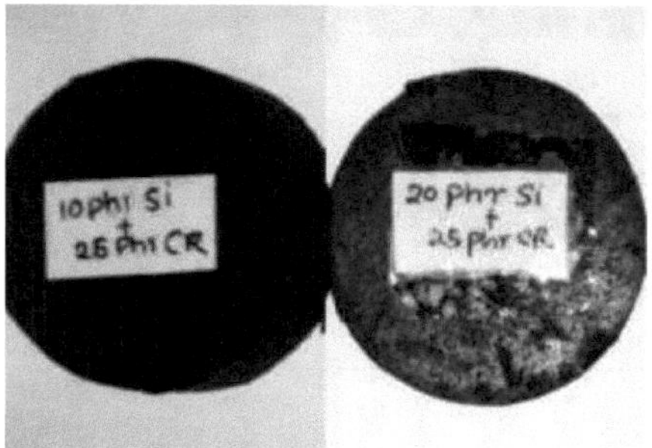

Fig. 47. Fotografias de compósitos de NR carregados com sílica e borracha fragmentada.

3.4.2.1. Comparação das propriedades de tração de vários compósitos NR carregados com cargas com borracha pura

Conforme apresentado na Fig. 48, a percentagem de alongamento na rotura diminui ainda mais após a incorporação de sílica. As amostras de borracha natural pura têm aproximadamente 650 % de alongamento na rutura, que diminuiu cerca de 46% após a incorporação de 25 phr de borracha fragmentada. É interessante referir que, com a adição de 10 phr de sílica, a percentagem de alongamento diminui ainda mais em 44% em relação à amostra carregada com 25 phr de borracha fragmentada. No entanto, quando o teor de sílica foi aumentado de 10 para 25 phr, a diminuição da percentagem de alongamento na rutura é de cerca de 49% em relação à amostra carregada com 25 phr de borracha fragmentada. Entretanto, esta diminuição da percentagem de alongamento na rutura é de aproximadamente 69 % e 72 %, respetivamente, para a amostra carregada com 10 phr e 25 phr de sílica em relação à amostra de borracha natural pura. A alteração na percentagem de alongamento na rutura é pequena quando a carga de sílica é aumentada acima de 10 phr. Estes resultados indicam que a combinação de borracha fragmentada e sílica reforça a borracha natural.

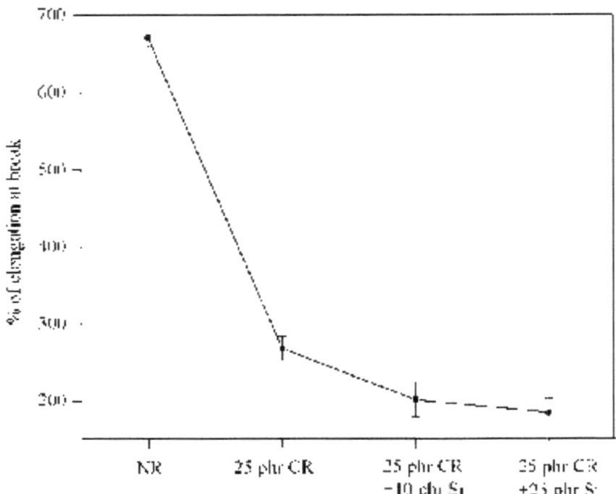

Fig. 48. Comparação da percentagem de alongamento da borracha virgem, do compósito de NR carregado com borracha fragmentada e do compósito de NR carregado com sílica+borracha fragmentada.

A Fig. 49 apresenta a comparação do módulo a 100% de alongamento da borracha pura, da borracha fragmentada e dos compósitos NR com sílica e borracha fragmentada. O módulo a 100% de alongamento aumentou cerca de 210% quando foi introduzido 25 phr de borracha de migalhas. Este valor foi ligeiramente aumentado na presença de 10 phr de sílica. No entanto, observou-se um aumento proeminente, que é de cerca de 566% em relação à amostra de borracha natural, quando foi introduzido 25 phr de sílica. Quando a carga de enchimento da matriz, a deformação deve diminuir, enquanto a tensão deve aumentar, o que, por sua vez, aumenta o módulo. No entanto, a 25 phr de carga, o compósito deve ser capaz de suportar mais cargas do que o previsto, porque a deformação diminui ligeiramente, mas o módulo aumenta significativamente.

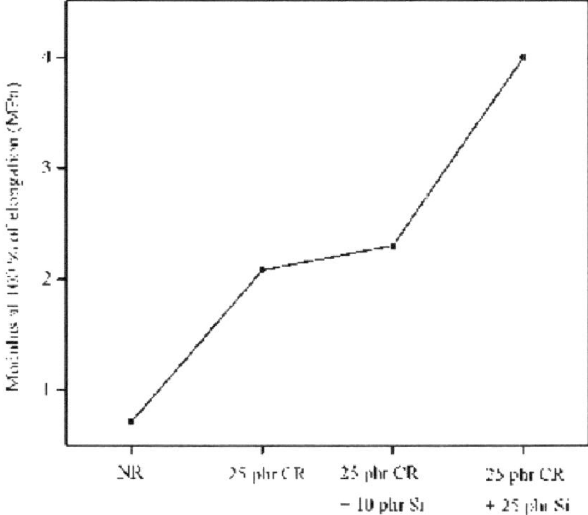

Fig. 49. Comparação do módulo a 100 % de alongamento da borracha pura, 25 phr de

borracha fragmentada

e compósitos de NR carregados com sílica+borracha de trituração.

3.4.2.2. Comparação da dureza de vários compósitos NR com carga de enchimento com compósitos NR pristinos

borracha

A dureza aumenta cerca de 7 % quando se introduz 25 phr de borracha fragmentada na borracha virgem. A sílica é um material inorgânico e a dureza dos aglomerados de sílica deve ser superior à das amostras de borracha e das partículas de borracha fragmentada. Assim, como esperado, na presença de sílica, a dureza aumentou cerca de 12% em relação à amostra de borracha virgem, como apresentado na Fig. 50. No entanto, as alterações não são subtis, mesmo na presença de uma carga de 25 phr. Com efeito, a dureza aumentou cerca de 7 % quando se introduziu 25 phr de borracha fragmentada na borracha virgem.

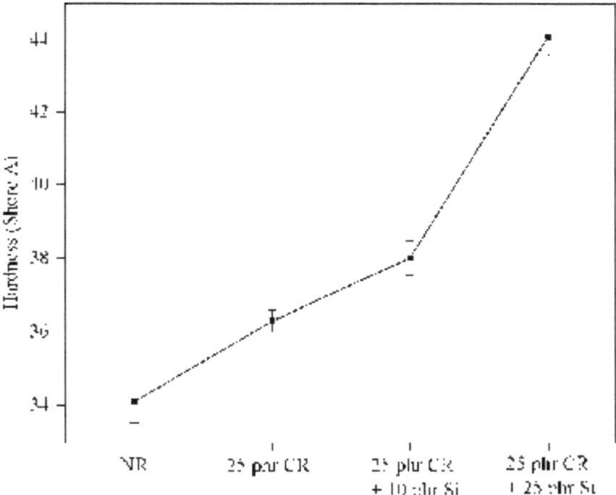

Fig. 50. Comparação da dureza da borracha pura, do compósito NR carregado com borracha fragmentada e do compósito NR carregado com borracha fragmentada.

compósitos NR carregados com sílica + borracha fragmentada.

3.4.2.3. Comparação da resistência ao ressalto de vários compósitos NR carregados com cargas com borracha pura

A resistência ao ressalto diminui ainda mais quando se adiciona 25 ph de borracha fragmentada à borracha pura. Na presença de sílica, a resiliência de ressalto da amostra também se altera ligeiramente, como se mostra na Fig. 51. Na presença de 10 phr de sílica, a resiliência diminui como esperado, ou seja, cerca de 26 % em relação à borracha virgem. Este facto pode dever-se ao retardamento dos movimentos das cadeias de borracha.

75

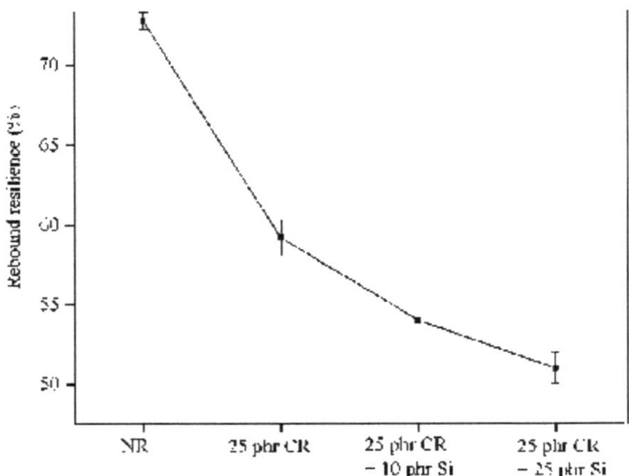

Fig. 51. Comparação da resistência ao ressalto da borracha virgem e dos compósitos carregados com borracha fragmentada

e compósitos NR carregados com sílica + borracha fragmentada.

3.4.2.4. Comparação do conjunto de compressão de vários compósitos NR carregados com carga com borracha pura

A Fig. 52 mostra a comparação dos resultados do conjunto de compressão. A compressão do material diminuiu com a carga de borracha fragmentada, que diminuiu ainda mais com a carga de sílica. No entanto, quando a carga de sílica é alterada de 10 para 25 phr, aumenta. Estes resultados indicam que 10 phr de sílica são suficientes para obter uma compressão mínima. Isto significa que 10 phr de sílica são suficientes para preencher os espaços vazios de uma amostra carregada com 25 phr de borracha fragmentada. Quando se dispõe de mais sílica, esta pode ligar-se livremente à matriz devido à insuficiência de borracha natural.

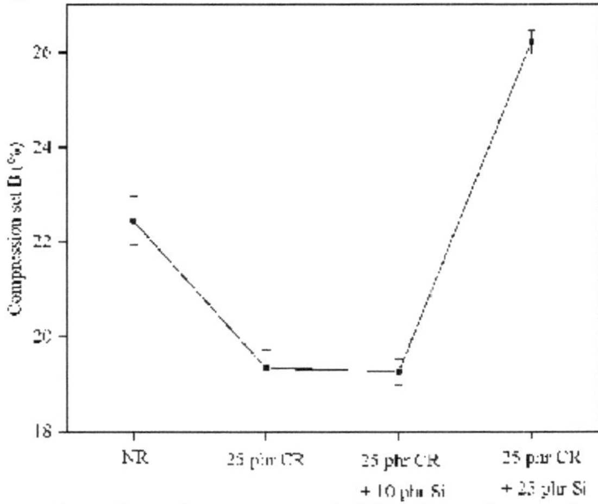

Fig. 52. Comparação do conjunto de compressão B (%) de borracha pura, borracha fragmentada carregada com NR

e compósitos NR carregados com sílica + borracha fragmentada.

3.4.2.5. Comparação da perda de volume por abrasão de vários compósitos NR carregados com cargas com borracha pura

A perda de volume do compósito diminui quando se adiciona 10 phr de sílica ao compósito NR carregado com 25 phr de CR, como se mostra na Fig. 53. A diminuição é de aproximadamente 16% em relação à amostra carregada com 25 phr de borracha fragmentada. No entanto, o volume perdido aumenta com o aumento da carga de sílica. Com uma carga mais elevada, as partículas de sílica podem não estar ligadas às cadeias de borracha da matriz e a agregação das partículas de sílica pode também aumentar. Assim, a sílica solta na matriz de borracha pode desprender-se facilmente. Este resultado confirma que a resistência ao desgaste dos compósitos de borracha pode ser melhorada através da incorporação de apenas cerca de 10 phr de sílica.

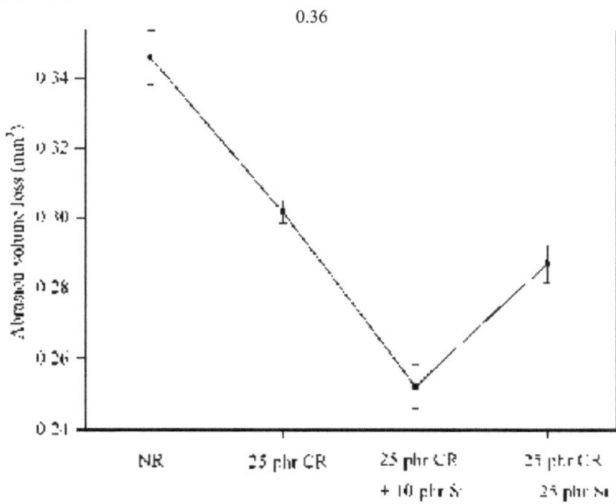

Fig. 53. Comparação da perda de volume por abrasão da borracha virgem, do compósito de NR carregado com borracha fragmentada e do compósito de NR carregado com sílica + borracha fragmentada.

Em resumo, a incorporação de 10 phr de partículas de sílica num compósito de borracha carregado com 25 phr de borracha fragmentada registou melhorias nas propriedades mecânicas. Assim, as partículas de sílica de tamanho mais pequeno actuam como material de enchimento para criar uma estrutura interligada contínua quando a carga de sílica é menor. Este conceito é elucidado através de uma apresentação gráfica, como se mostra na Fig. 54 (a) e na Fig. 54 (b). Com uma carga elevada de sílica, que é superior a 10 phr, as propriedades mecânicas dos compósitos de borracha à base de migalhas diminuem. Este decréscimo é atribuído à agregação e à carga mais elevada de partículas de sílica, criando novamente sítios insuficientes na matriz para as manter unidas à borracha, conforme representado na Fig. 54 (c).

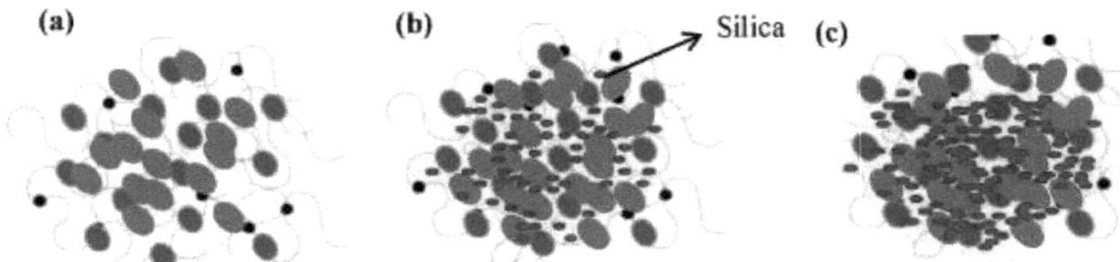

Fig. 54. Apresentação gráfica de (a) 25 phr CR (b) 10 phr Si+ 25 phr CR e (c) 25 phr Si + 25 phr CR carregado de composto NR.

3.4.2.6. Comparação das propriedades mecânicas da borracha fragmentada e dos compósitos à base de NR carregados com sílica com a borracha pura

O quadro 13 apresenta a comparação das propriedades mecânicas dos compósitos NR carregados com borracha fragmentada com os ladrilhos de borracha padrão disponíveis no mercado. A marca do ladrilho de borracha para pavimentos é Flexo. De acordo com o quadro 11, as propriedades mecânicas, tais como a resistência ao rasgamento, o módulo a 100 % de alongamento (MPa) e a percentagem de alongamento na rutura do compósito de NR à base de CR carregado com 10 phr de Si, estão em conformidade com o ladrilho de borracha padrão. Mas com a adição de 10 phr de Si ao compósito de NR à base de CR, este perdeu a sua conformidade com o ladrilho de borracha padrão, especialmente a resistência à compressão e à abrasão. Quando se aumenta a carga de Si até 25 phr, todas as propriedades mecânicas não estão em conformidade com o ladrilho de borracha padrão, exceto o módulo a 100 % de alongamento (MPa) e a % de alongamento na rutura. Como a maior parte das propriedades mecânicas (resistência ao rasgamento, módulo a 100 % de alongamento (MPa) e % de alongamento na rutura) do compósito NR à base de CR carregado com 10 phr de Si estava em conformidade com o ladrilho de borracha padrão, a sua formulação foi desenvolvida adicionando Si modificado para aumentar a conformidade (resistência à compressão, dureza e resistência à abrasão) com o ladrilho de borracha padrão.

Tabela 13. Propriedades mecânicas da borracha fragmentada e dos compósitos de NR carregados com Si e dos ladrilhos de borracha padrão disponíveis no mercado.

Propriedades mecânicas	Pavimento de borracha standard	NR	25 phr CR	25 phr CR+ 10 phr Si	25 phr CR+ 25 phr Si
Resistência ao rasgamento (N/mm)	**12.25**	25.992	23.118	**12.326**	14.369
Conjunto de compressão (%)	**12 ou menos**	22.45	**11.092**	19.27	26.21
Dureza (Shore A)	**55-65**	33.6	37.2	38	44.1
Resistência à abrasão $(mm)^3$	**≤ 0.16**	0.346	**0.199**	0.2521	0.287
Módulo de elasticidade a 100 % de alongamento (MPa)	**2.3-4**	0.7	1.9	**2.3**	**4**
% de alongamento na	**150-300**	695.4	366.7	**201.3**	**184.6**

rutura

3.4.3. Compósitos NR à base de borracha natural com sílica modificada e borracha fragmentada

Nesta secção, as respostas mecânicas dos compósitos de borracha são utilizadas como um indicador de desempenho dos compósitos para uma melhor compreensão do seu papel com e sem o agente de acoplamento na matriz.

De acordo com a Tabela 03, foram incorporadas quantidades de 10, 20, 30, 40 e 50 phr de sílica modificada com 25 phr de compósitos NR carregados com borracha fragmentada. As propriedades mecânicas, tais como propriedades de tração, dureza, resistência ao ressalto, resistência à compressão e resistência à abrasão, dos cinco compósitos acima mencionados foram avaliadas e analisadas. É de esperar que os compósitos de NR modificados com sílica e borracha de migalhas melhorem as propriedades mecânicas dos compósitos. Isto pode dever-se à melhor interação entre a sílica modificada, a borracha fragmentada e a borracha pura. A interação pode ser conseguida através do agente de acoplamento ácido oleico, que cria uma forte ligação entre a matriz de borracha e as partículas de sílica, removendo o grupo hidroxilo da superfície da sílica.

Fig. 55. Fotografias de compósitos de NR modificados com sílica e borracha fragmentada.

3.4.3.1. Efeito da carga de sílica modificada e de borracha fragmentada nas propriedades de tração do compósito NR

Conforme apresentado na Fig. 56, a percentagem de alongamento na rutura do compósito de NR com 10 phr de sílica modificada e borracha fragmentada é de cerca de 253%. Inesperadamente, quando o teor de sílica modificada foi aumentado para 20 phr, o alongamento na rutura aumentou ligeiramente cerca de 6% em relação ao compósito de NR com 10 phr de sílica modificada e borracha fragmentada. Contudo, quando o teor de sílica modificada foi aumentado de 20 para 50 phr, a diminuição da percentagem de alongamento na rutura foi de cerca de 16% em relação à amostra carregada com 20 phr de sílica modificada. Estes resultados indicam que uma maior carga de sílica modificada ajuda a impedir o movimento das cadeias de borracha, mas, por outro lado, reduz a elasticidade do compósito.

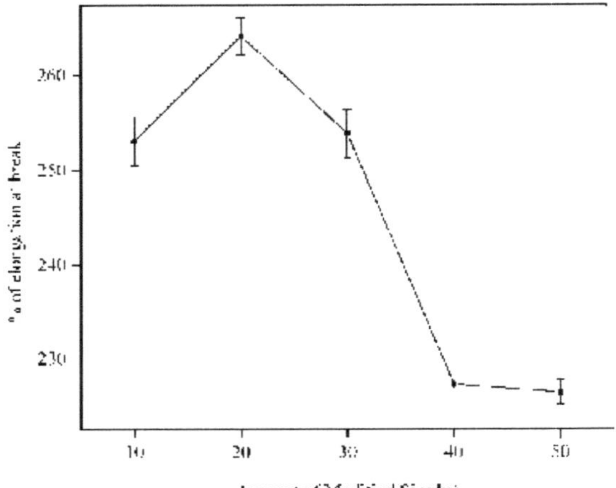

Fig. 56. Efeito do teor de sílica modificada na percentagem de alongamento na rutura de compósitos NR carregados com borracha fragmentada.

A comparação da percentagem de alongamento na rutura da borracha pura, da borracha do miolo + compósito de NR carregado com sílica não modificada e da borracha do miolo + compósito de NR carregado com sílica modificada é mostrada na Fig. 57.

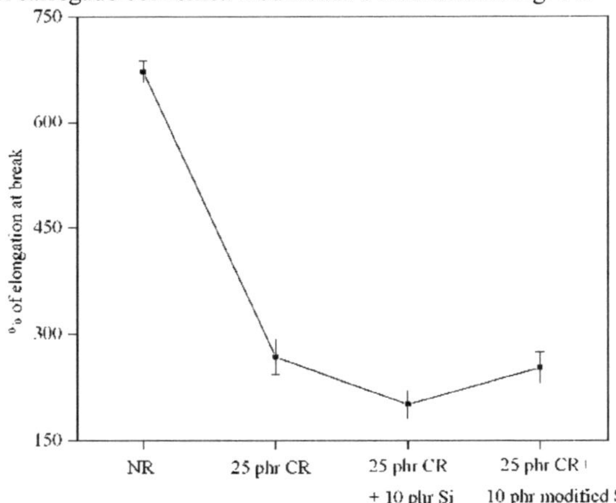

Fig. 57. Comparação da percentagem de alongamento da borracha pura, da borracha fragmentada, do compósito de NR com sílica + borracha fragmentada e do compósito de NR modificado com sílica + borracha fragmentada

De acordo com a Fig.57, a elasticidade de 25 phr de borracha de migalhas + 10 phr de compósito de NR carregado com sílica modificada aumentou quando comparado com 25 phr de borracha de migalhas + 10 phr de compósito de NR carregado com sílica não modificada. Isto pode ser devido à falta de formação de ligações cruzadas de enxofre entre cadeias de polímeros quando se incorpora sílica modificada.

O efeito do teor de sílica modificada no módulo a 100 % de alongamento dos compósitos NR carregados com CR é apresentado na Fig. 58. De acordo com isso, o módulo a 100 % de alongamento mostrou um efeito inverso em comparação com a percentagem de alongamento na rutura. Observa-se um decréscimo de cerca de 13% no módulo a 100 % de alongamento com a carga de sílica modificada de 10 a 20 phr. No entanto, há um aumento no módulo quando a carga de sílica modificada é de 30 e 40 phr. Isto indica a eficácia do agente de acoplamento do ácido oleico na melhoria da aderência borracha-carga.

No entanto, ao substituir a sílica modificada em vez da sílica não modificada, o módulo aumentou, como se mostra na Fig. 59. Aproximadamente 240 % de aumento no módulo a 100% de alongamento do compósito NR carregado com 10 phr de sílica modificada em relação à borracha pura

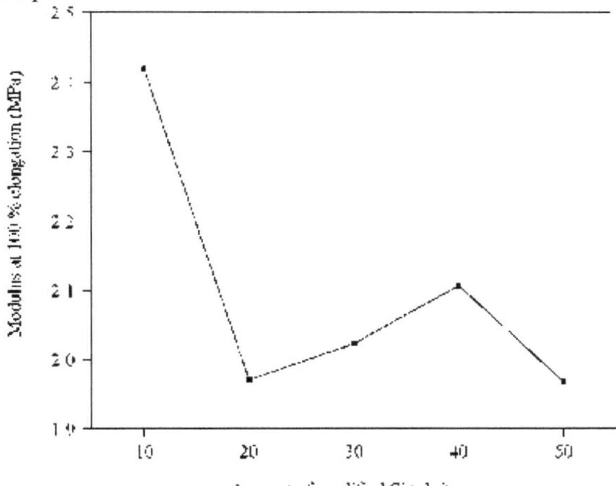

Fig. 58. Efeito do teor de sílica modificada no módulo a 100 % de alongamento dos compósitos NR carregados com borracha fragmentada.

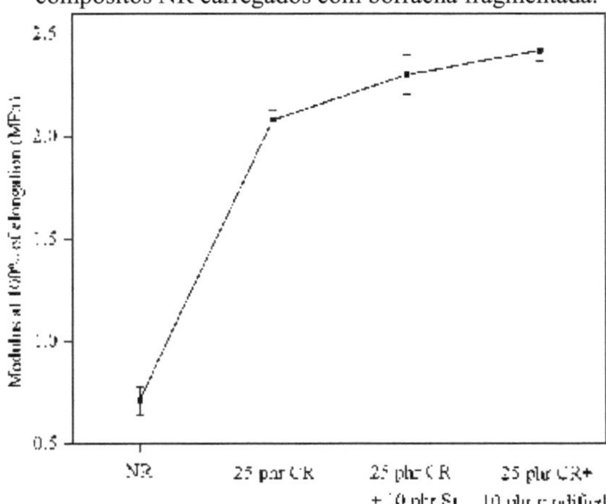

Fig. 59. Comparação do módulo a 100 % de alongamento de compósitos de borracha pura, borracha fragmentada, sílica + borracha fragmentada e sílica modificada + borracha fragmentada.

3.4.3.2. Efeito da carga de sílica modificada e de borracha fragmentada na dureza do compósito NR

A dureza de diferentes quantidades de sílica modificada e de compósito de NR carregado com borracha de migalhas é apresentada na Fig. 60. Isto mostra claramente que a adição de 10 a 30 phr de sílica modificada ao compósito de borracha de migalhas adicionada resulta numa diminuição da dureza. Curiosamente, a dureza aumentou quando a carga de sílica modificada é de 40 phr, o que representa um aumento de aproximadamente 12% em relação ao compósito com 10 phr de sílica modificada adicionada. As réplicas das amostras devem ser aumentadas para mais de três réplicas para obter medições precisas em estudos futuros, uma vez que estes resultados foram obtidos a partir de apenas três réplicas. Com o aumento adicional de sílica modificada, observou-se uma diminuição rápida da dureza de cerca de 50 phr. Isto pode dever-se à falta de sítios na matriz para ligar a carga mais elevada de sílica modificada.

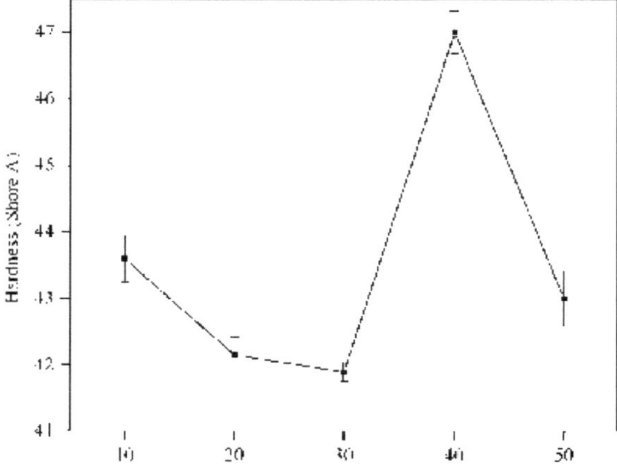

Fig. 60. Efeito do teor de sílica modificada na dureza dos compósitos NR carregados com borracha fragmentada.

A Fig. 61 apresenta a comparação da dureza da borracha pura, da borracha do miolo carregada, da borracha do miolo + compósito de NR carregado com sílica não modificada e da borracha do miolo + compósito de NR carregado com sílica modificada. É claramente demonstrado que a dureza do compósito de NR com 10 phr de sílica modificada aumentou em comparação com os outros compósitos.

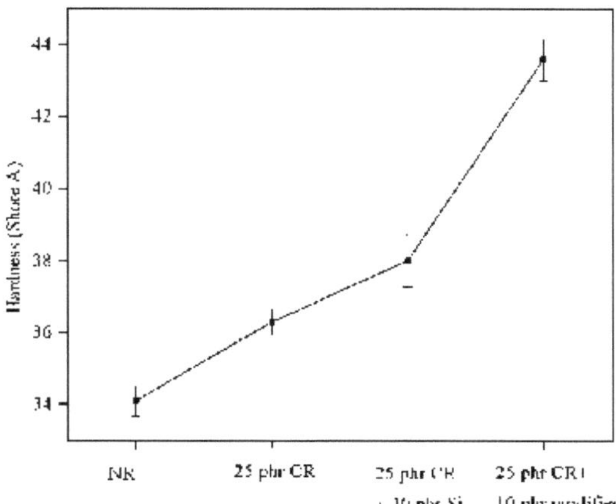

Fig. 61. Comparação da dureza da borracha pura, da borracha fragmentada, do compósito de NR com sílica + borracha fragmentada e do compósito de NR modificado com sílica + borracha fragmentada.

carga de sílica modificada que melhora a flexibilidade das cadeias moleculares da borracha.

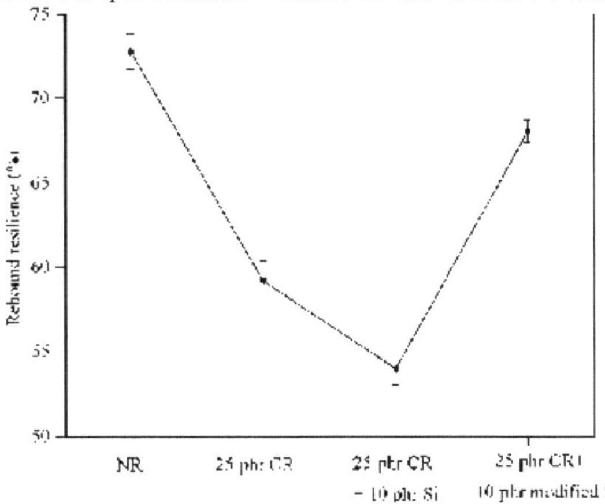

Fig. 63. Comparação da resistência ao ressalto da borracha pura, da borracha fragmentada, do compósito de NR com sílica + borracha fragmentada e do compósito de NR modificado com sílica + borracha fragmentada.

3.4.3.3. Efeito da sílica modificada e da carga de borracha de migalhas no conjunto de compressão do compósito NR

O conjunto de compressão dos compósitos de NR com sílica modificada + borracha fragmentada é apresentado na Fig. 64. Mostra que o aumento do conjunto de compressão quando a incorporação de sílica modificada é carregada de 10 a 50 phr. Assim, a deformação não recuperada aumentou após a força de compressão. O conjunto de compressão é sempre escolhido como a propriedade de falha para previsões de vida útil, uma vez que tanto a cisão da cadeia como as reacções de reticulação se somam para aumentar o conjunto de compressão.

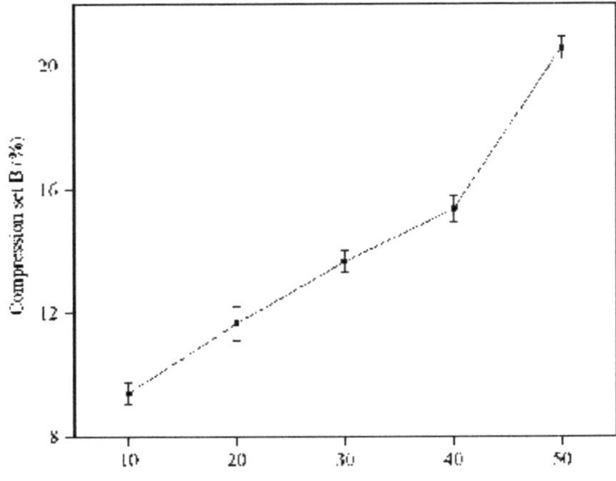

Fig. 64. Efeito do teor de sílica modificada no conjunto de compressão de compósitos de NR carregados com borracha de migalhas.

No entanto, o conjunto de compressão do compósito com 10 phr de sílica modificada apresentou melhores resultados

em comparação com a borracha pura, a borracha em migalhas e o compósito NR carregado com sílica não modificada (ver Fig. 65). O decréscimo no conjunto de compressão é de cerca de 60%, 53% e 47 na borracha e no compósito de borracha carregada não modificada, respetivamente.

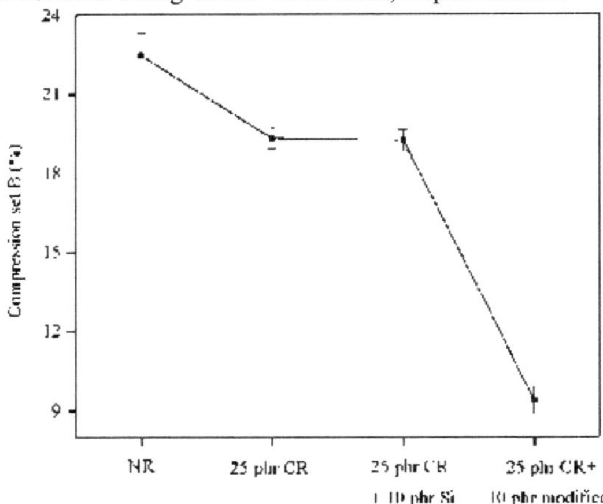

Fig. 65. Comparação do conjunto de compressão B (%) de borracha pura, borracha fragmentada carregada, compósito de NR com sílica + borracha fragmentada e compósito de NR modificado com sílica + borracha fragmentada.

3.4.3.4. Efeito da carga de sílica modificada e de borracha fragmentada na perda de volume por abrasão de

Compósito NR

Foram realizadas experiências de resistência à abrasão com espécimes constituídos por sílica modificada e compósito de borracha natural à base de borracha fragmentada. A Fig. 66 mostra a perda de volume por abrasão dos compósitos de NR em função do número de ciclos de abrasão. A perda de volume por abrasão dos espécimes aumenta quando a carga de sílica modificada é de 10 a 30 phr. Mas o compósito NR carregado com sílica modificada a 40 phr mostrou uma melhoria na resistência à abrasão. Este facto pode dever-se ao aumento da adesão obtido pelas partículas de sílica modificada de 40 phr em comparação com as outras cargas, uma vez que a força de arrancamento expressa a magnitude da força de adesão entre a borracha fragmentada, a sílica modificada e a matriz de NR.

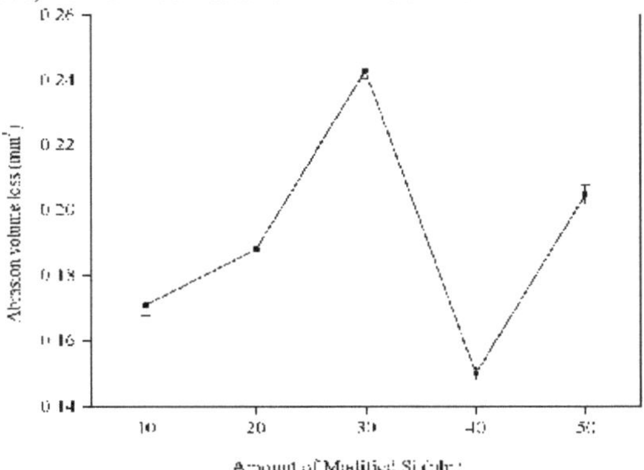

Fig. 66. Efeito do teor de sílica modificada na perda de volume por abrasão da borracha do miolo carregada com NR

compósitos.

De acordo com a Fig. 67, a resistência à abrasão do compósito com 10 phr de sílica modificada aumentou em comparação com a borracha virgem, a borracha fragmentada e o compósito com sílica não modificada à medida que a perda de volume diminuiu. A diminuição da perda de volume é de aproximadamente 51%, 43% e 32% em relação ao compósito de borracha pura, de borracha fragmentada e de borracha carregada não modificada, respetivamente. Confirma-se que a sílica modificada interage bem com a matriz de borracha e a borracha do miolo.

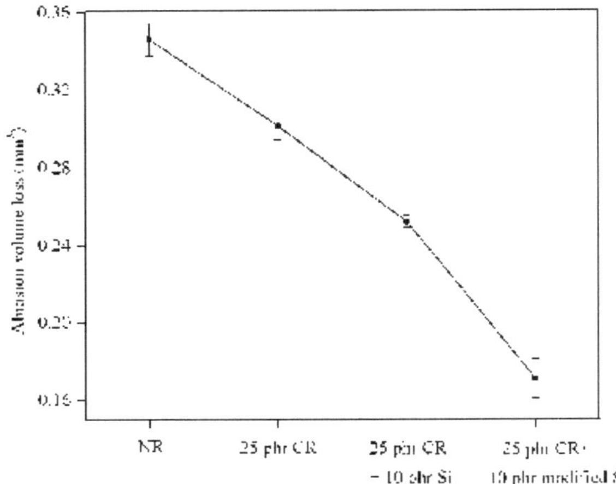

Fig. 67. Comparação da perda de volume por abrasão da borracha pura, da borracha fragmentada, da sílica + borracha fragmentada e do compósito de sílica modificada + borracha fragmentada.

3.4.3.5. Comparação das propriedades mecânicas de compósitos NR de borracha com sílica modificada e borracha fragmentada

A Tabela 14 apresenta os compósitos de NR modificados com Si e borracha fragmentada e o ladrilho de borracha padrão disponível no mercado. A marca do ladrilho de borracha para pavimentos é Flexo. De acordo com o Quadro 14, quase todas as propriedades mecânicas do compósito de NR à base de CR carregado com Si modificado estão em conformidade com o ladrilho de borracha padrão, exceto a dureza. Por conseguinte, pode ser desenvolvido para melhorar a dureza de modo a atingir a conformidade. Além disso, a resistência química e a resistência ao calor do compósito NR à base de CR com 10 phr de Si modificado deve ser estudada no futuro antes de ser comercializada.

Tabela 14. Propriedades mecânicas dos compósitos de NR modificados com Si e borracha fragmentada e dos ladrilhos de borracha padrão disponíveis no mercado.

Propriedades mecânicas	**Ladrilho de borracha padrão**	**Quantidade de Si modificado adicionado a 25 phr de compósito à base de CR**				
	-	**10**	**20**	**30**	**40**	**50**
Resistência ao rasgamento (N/mm)	**16.49- 12.25**	**14.823**	**11.899**	10.984	8.811	8.112
Conjunto de compressão (%)	**12 ou menos**	**9.4**	**11.67**	13.67	15.36	20.57
Dureza (Shore A)	**55-65**	43.6	42.15	41.9	47	43
Resistência à abrasão $(mm)^3$	**≤ 0.16**	**0.161**	0.188	0.243	**0.15**	0.205
Módulo de elasticidade a 100 % de alongamento (MPa)	**2.3- 4**	**2.42**	1.971	2.023	2.107	1.968
% de alongamento na	**150 - 300**	**253.16**	**264.18**	**253.94**	**227.31**	**226.47**

rotura

3.4.4. Análise SEM de compósitos à base de borracha fragmentada e de NR com adição de sílica

Espera-se que a fase contínua interligada do compósito seja alcançada após a incorporação de partículas de sílica no compósito NR à base de borracha fragmentada. Assim, as secções transversais dos compósitos foram investigadas utilizando microscopia eletrónica de varrimento. A Fig. 68 (a) apresenta a secção transversal do compósito carregado com 25 phr de borracha fragmentada, enquanto a Fig. 68 (b) apresenta a secção transversal após o reforço da mesma amostra com 10 phr de sílica. A Fig. 68 (a) ilustra a dispersão homogénea da borracha fragmentada na matriz de borracha natural. No entanto, é claramente visível que os vazios sub-micrométricos também estão presentes na amostra, o que não foi observado após o carregamento de 10 phr de sílica. Esta investigação apoia a melhoria das propriedades mecânicas das amostras carregadas com sílica. As partículas de sílica têm uma grande variedade de geometrias, mas têm aproximadamente as mesmas dimensões em todas as direcções. Uma vez que as partículas de sílica são pequenas, preenchem os espaços vazios e distribuem-se uniformemente pela matriz. Tanto a borracha fragmentada como as partículas de sílica restringem o movimento da fase da matriz na vizinhança de cada partícula e formam uma fase contínua. Consequentemente, a matriz de borracha transfere eficazmente parte da tensão aplicada para as partículas de enchimento, que suportam a maior parte da carga. A forte ligação na interface matriz-enchimento, apoiou ainda mais estas propriedades melhoradas.

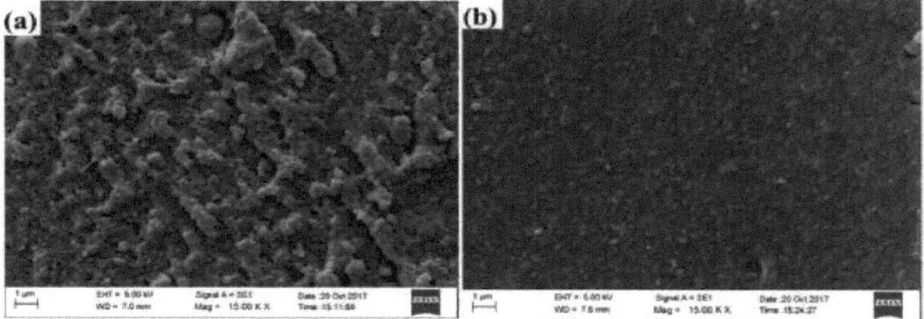

Fig. 68. Imagens de microscopia eletrónica de varrimento de a) borracha natural e 25 phr de borracha fragmentada

b) compósito carregado com borracha natural, 25 phr de borracha fragmentada e 10 phr de sílica.

3.5. Caracterização do PET despolimerizado

3.5.1. Análise FTIR

A técnica de espetroscopia FTIR foi utilizada para confirmar a despolimerização do PET e a formação de oligómeros como o PET com terminação hidroxilo (h-PET) e o ácido terftálico (TPA). Os espectros FTIR completos do h-PET e do TPA resultantes da despolimerização do PET, na região de 4000-400 cm^{-1} , são apresentados na Fig. 69 e na Fig. 70, respetivamente. A Tabela 15 e a Tabela 16 resumem a frequência de absorção FTIR e as ligações químicas que foram identificadas nas amostras de h-PET e TPA.

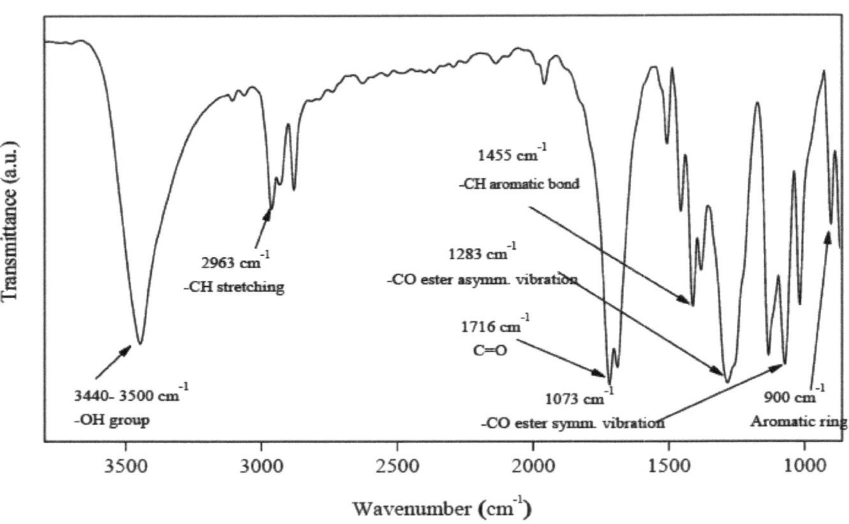

Fig. 69. Espectro FTIR do h-PET obtido a partir da despolimerização do PET.

A Fig. 69 mostra o pico de absorção a 3440-3500 cm^{-1} devido ao grupo OH que surge da ligação de hidrogénio intermolecular. Além disso, existe uma banda a 2963 cm^{-1} que é atribuída ao modo vibracional de estiramento da ligação C-H. A 1435 cm^{-1} mostra a presença de uma ligação C-H aromática. O modo vibracional da ligação carbonilo de éster (C=O) é evidente na banda a 1716 cm^{-1} . A banda de absorção a 1283 cm^{-1} corresponde à vibração assimétrica C-O do éster. A banda observada a 1135 cm^{-1} prova a existência de vibração da ligação O-H, enquanto a vibração simétrica do éster C-O a 1073 cm^{-1} e a vibração do anel aromático a 900 cm^{-1} também foram detectadas [107]. Por conseguinte, confirma-se que o sólido produzido era PET com terminação hidroxilo a partir da despolimerização de PET utilizando o método de glicólise catalisada.

Tabela 15. Atribuição das bandas espectrais FTIR do PET com terminação hidroxilo [108].

Número de onda (cm)⁻ 1	**Grupo funcional/ Ligação química**
3440-3500	Grupo alcoólico O-H
2963	Estiramento (dobra) C-H
1716	Ligação éster-carbonilo
1435	Ligação aromática C-H
1283	Vibração assimétrica do éster C-O
1135	ligação O-H
1073	Vibração simétrica do éster C-O
700	Anel aromático

De acordo com a Fig. 70, o pico largo entre 2500 e 3000 cm^{-1} denota a presença de um OH (grupo hidroxilo) no ácido tereftálico. O pico forte a 1680 cm^{-1} é devido à existência de uma vibração de estiramento C=O no grupo carboxilo. Se esta absorção for superior a 1700 cm^{-1} , então indica a existência de um grupo carbonilo num éster. No nosso caso, esta absorção é inferior a 1700 cm^{-1} , o que é caraterístico dos grupos carbonilo presentes num ácido carboxílico. Por conseguinte, dá a impressão de que se conseguiu a despolimerização total do monómero TPA. Os picos de absorção observados a 1511 e 1573 cm^{-1} confirmam a existência de um anel fenil aromático. O pico de absorção a 1282 cm^{-1} corresponde à ligação C-O presente no TPA. A paraposição dos grupos carboxilo no anel fenílico é evidente a partir do pico de absorção a 783 cm^{-1} [109]. Por conseguinte, concluiu-se que o sólido produzido era ácido tereftálico monómero puro proveniente da despolimerização de PET utilizando o método de hidrólise alcalina.

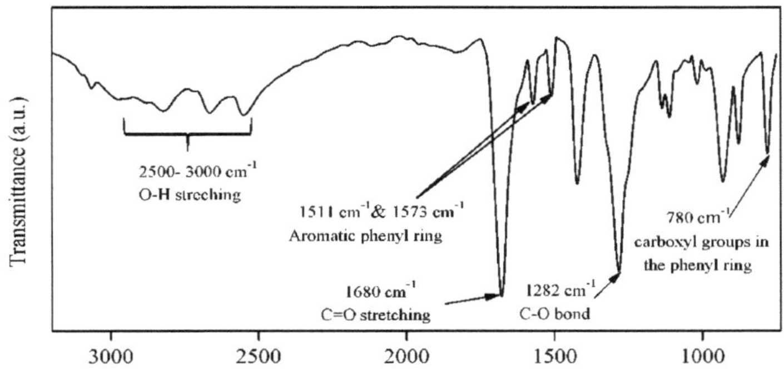

Fig. 70. Espectro de FTIR do TPA obtido a partir da despolimerização do PET.

Tabela 16. Atribuição das bandas espectrais FTIR do ácido tereftálico.

Número de onda (cm^{-1})	**Grupo funcional/ Ligação química**
2500-3000	estiramento O-H
1680	Estiramento C=O
1511	Estiramento do anel fenil aromático
1573	Estiramento do anel fenil aromático
1282	Ligação C-O
780	posição para dos grupos carboxilo no anel fenílico

3.6. Caracterização do poliuretano

3.6.1. Análise FTIR

Os espectros de infravermelhos do poliuretano foram realizados para identificar a formação das ligações uretânicas. A Fig. 71 mostra os espectros FTIR do poliuretano feito a partir da reação com h-PET e diisocianato (rácio= 1:1). Os resultados resumidos de FTIR também são apresentados na Tabela 17.

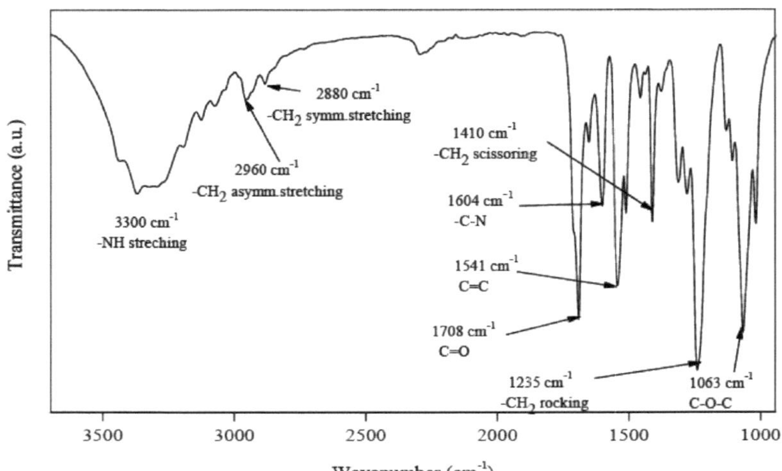

Fig. 71. Espectro FT-IR do poliuretano sintetizado a partir de reacções entre proporções de 1: 1 de h-PET e diisocianato.

A presença de amida (-NH), grupo carbonil uretano (-C=O), grupo carbamato (C-N) e -C-O-C indica as ligações de uretano no PU. O estiramento de carbonilo do hidrogénio C=O ligado ao grupo NH na ligação de uretano é confirmado pelas bandas a 1708 cm^{-1} [110]. A banda de absorção observada a 3300 cm^{-1} é atribuída ao estiramento de NH. Os modos vibracionais de estiramento CH assimétrico e simétrico foram observados a 2960 cm^{-1} e 2880 cm^{-1} , respetivamente. A banda forte observada a 1604 cm^{-1} corresponde à vibração das ligações -C-N. A vibração de estiramento C=C no anel aromático do poliuretano é confirmada pelas bandas a 1541 cm^{-1} . A vibração de tesoura e de balanço da ligação CH2 é evidente nas bandas a 1410 cm^{-1} e 1235 cm^{-1} , respetivamente. A banda observada a 1063 cm^{-1} confirma a existência de vibração das ligações C-O-C. Estes picos de absorção confirmam a formulação do poliuretano.

Tabela 17. Número de onda e ligações químicas do PU a partir do h-PET.

Número de onda (cm)$^{-1}$	**Grupo funcional/ Ligação química**
3300	estiramento -NH
2960	estiramento assimétrico -CH2
2880	estiramento simétrico -CH2
1708	Ligação éster uretano C=O
1604	-C-N
1541	C=C
1410	-CH2 tesoura
1235	-CH2 balançando
1063	C-O-C

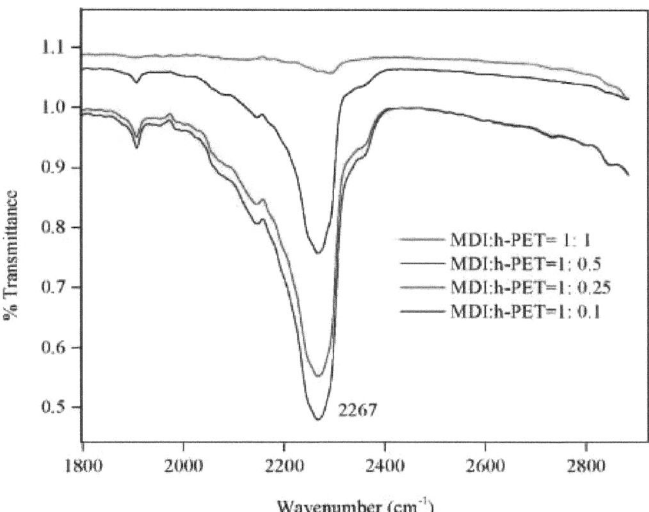

Fig. 72. A região do isocianato dos espectros FTIR de diferentes amostras de PU.

A Fig. 72 mostra os espectros FTIR de amostras de poliuretano formuladas utilizando diferentes proporções de h- PET e MDI, na região 1800-400 cm^{-1} . O pico N=C=O (grupo icocinato) do MDI é evidente na banda em torno de 2270 - 2250 cm^{-1} [111]. Quando o rácio h-PET / MDI aumenta de PU1 para PU4, a intensidade do pico N=C=O do MDI diminui. O h-PET reagiu com o diisocianato para formar o polímero de uretano, de modo a remover o diisocianato livre do MDI. Não foram detectados vestígios do pico N=C=O no espetro FTIR do PU 4 (h-PET: MDI=1:1). Isto indica que o diisocianato reagiu completamente com o h-PET para formar o poliuretano.

3.7. Análise FTIR de compósitos de PU carregados com sílica

A Fig. 73 apresenta a comparação da região carbonilo dos espectros FTIR do compósito de PU com adição de sílica, do poliuretano puro e da sílica pura na região de 1800-1550 cm^{-1} . Pode observar-se que o pico a 1700 cm^{-1} corresponde à vibração de estiramento de carbonilo do compósito de PU adicionado de sílica, o que não se observa no espetro da sílica. Por conseguinte, é uma prova da formação de um compósito de polímero de PU.

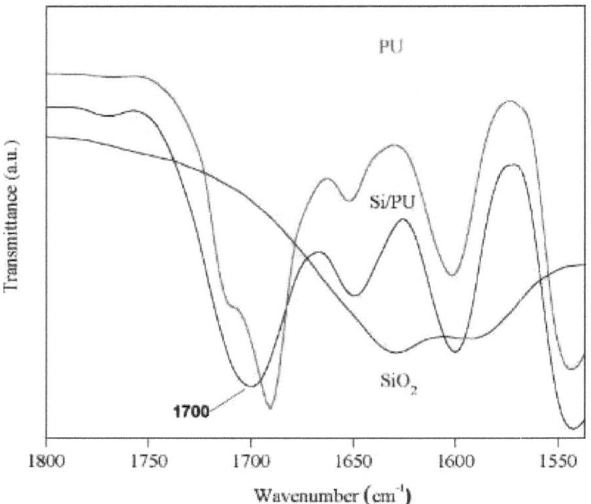

Fig. 73. Região carbonilo dos espectros FTIR dos compósitos de PU carregados com sílica.

Para investigar a interação entre o compósito de poliuretano com adição de sílica e o poliuretano, foram realizados estudos FTIR em diferentes quantidades de compósitos de poliuretano com adição de sílica. A Fig. 74 mostra os espectros FTIR de compósitos de poliuretano com 2, 4, 6 e 8 wt.% de sílica adicionada na região de 1600 a 1800 cm^{-1} .

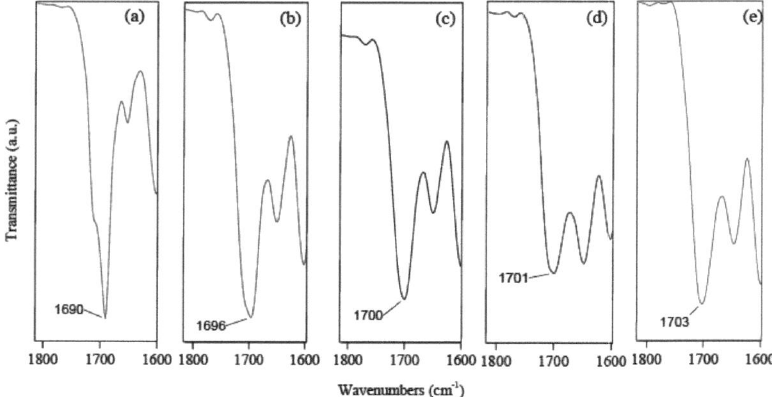

Fig. 74. Espectros FTIR de (a) poliuretano e compósitos de poliuretano com (b) 2 wt.%, (c) 4 wt.%, (d) 6 wt.% e (e) 8 wt.% de sílica.

De acordo com a Fig. 74, observa-se claramente que a adição de sílica à região carbonilo do poliuretano (C=O) se deslocou para números de onda mais elevados, de 1690 a 1703 cm^{-1} . Se a deslocação do pico for para números de onda mais elevados, a massa dessa molécula é baixa. Porque a frequência de vibração é inversamente proporcional à massa da molécula em vibração. Por conseguinte, quanto mais leve for a molécula, maior será a frequência de vibração e maiores serão os números de onda.

A Fig. 75 mostra a comparação dos espectros FTIR do PU, do compósito de PU com 2 wt.% de sílica adicionada e das partículas de sílica da RHA, na gama de 3890-2900 cm^{-1} . De acordo com a fig. 75 (a) e (b), o pico a 3296 cm^{-1} é atribuído às vibrações de estiramento N-H do PU e do compósito de PU. O pico a 3443 cm^{-1} corresponde à vibração de estiramento -OH das partículas de sílica, conforme apresentado na fig.75 (c), que desapareceu após a incorporação com PU. É evidente a reação química entre os grupos silanol das partículas de sílica e o NCO terminal do PU/isocianatos livres [95].

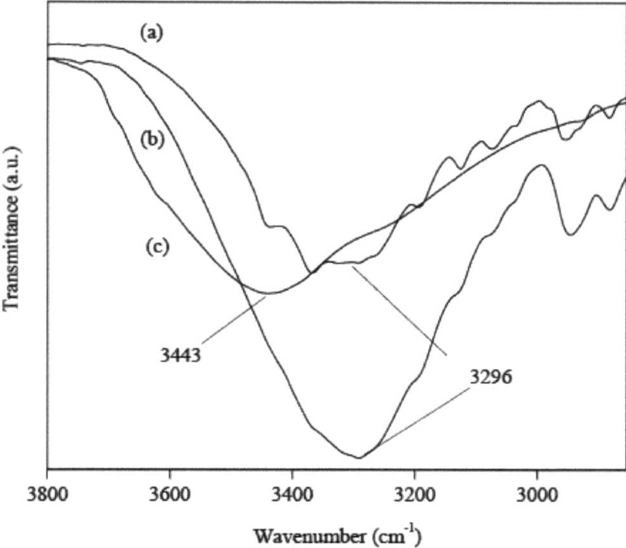

Fig. 75. Espectros FTIR de (a) PU, (b) compósito de PU carregado com 2 wt.% de sílica e (c) sílica na gama de 3890-2900 cm-1.

CAPÍTULO 4

CONCLUSÕES

Na primeira parte do presente trabalho, é relatada a preparação de compósitos NR com a adição de sílica de cinzas de casca de arroz e borracha fragmentada de bandas de rodagem de pneus, as suas propriedades mecânicas e a sua conformidade com a telha de pavimento de borracha padrão. A sílica extraída da cinza de casca de arroz tem caraterísticas químicas e físicas comparáveis às da sílica utilizada comercialmente na indústria de compostos de pneus e contém uma percentagem mais elevada de sílica, o que é confirmado pelas técnicas de caraterização XRD e XRF. As propriedades mecânicas globais dos compósitos com borracha fragmentada foram superiores às da borracha pura. As propriedades mecânicas do compósito NR carregado com 25 phr de CR, tais como a resistência à compressão, a resistência à abrasão e a percentagem de alongamento na rutura, apresentaram valores ligeiramente aceitáveis em relação ao ladrilho de borracha normal.

Os resultados experimentais revelam que, com a adição de 10 phr de sílica a 25 phr de compósito de NR carregado com borracha fragmentada, as propriedades mecânicas melhoraram em comparação com a borracha pura e as propriedades mecânicas, como a resistência ao rasgamento, o módulo a 100% de alongamento e a percentagem de alongamento na rutura, para cumprir a norma da telha de borracha, e mostraram propriedades mecânicas retardadas, como a resistência à compressão e à abrasão.

A modificação das partículas de sílica foi feita com ácido oleico para melhorar a interação entre as partículas de sílica extraídas, a borracha fragmentada e a matriz de borracha. As propriedades mecânicas do compósito NR carregado com 10 phr de Si modificado e 25 phr de CR apresentaram um resultado satisfatório, uma vez que as propriedades mecânicas eram semelhantes às do ladrilho de borracha normal, exceto a dureza. A dureza aumenta com a incorporação da carga de sílica modificada, mas não é suficiente para preparar produtos para pavimentos. Concluiu-se que o compósito de NR carregado com Si modificado e CR pode ser utilizado para beneficiar o fabrico de ladrilhos de borracha para pavimentos em que a dureza não é a principal consideração, embora sejam desejáveis outras propriedades mecânicas. Além disso, também pode reduzir o problema da poluição causada pela casca de arroz e pelos pneus.

Na segunda parte do presente trabalho, é relatada a preparação de compósitos de PU utilizando precursores da despolimerização de garrafas PET e com a adição de sílica de cinza de casca de arroz como carga. Os produtos despolimerizados, como o h-PET e o TPA, foram confirmados através da técnica de caraterização FTIR. Verificou-se que a reação completa entre o MDI e o h-PET foi encontrada na relação de peso 1:1 utilizando a técnica de caraterização FTIR. Os resultados de FTIR mostraram que os compósitos de poliuretano foram preparados com sucesso e que a sílica interage com a matriz de poliuretano. De acordo com o aspeto do compósito de poliuretano, este parecia ser um material de amortecimento macio e confortável. As propriedades mecânicas e térmicas têm de ser melhoradas para fins comerciais.

Globalmente, pode concluir-se que existe um grande potencial para utilizar resíduos agro-industriais e resíduos industriais de pneus, bem como plásticos, na formulação de compósitos poliméricos para reduzir a poluição ambiental causada pela acumulação dos mesmos.

REFERÊNCIAS

[1] A. Bhatnagar e M. Sillanpää, "Utilization of agroindustrial and municipal waste materials as potential adsorbents for water treatment," *uma revisão. Chemical engineering journal,* vol. 157, no. 2, pp. 277-296, 2010.

[2] "Statista," [Online]. Disponível: https://www.statista.com/statistics/275399/world-consumption-of-natural-and-synthetic-caoutchouc/. [Acedido em 2 de janeiro de 2019].

[3] R. Mishra, M. Aswathi e S. Thomas, "High Performance Flooring Materials from Recycled Rubber," *Rubber Recycling ,* pp. 160-185, 2018.

[4] "Statista," [Online]. Disponível: https://www.statista.com/statistics/736075/market-value-of-the-global-flooring-market/. [Acedido em 2 de janeiro de 2019].

[5] P. E. Hurley, "History of Natural Rubber," *Macromol. Sci. Part A - Chem,* vol. 15, no. 7, p. 1279-1287, 1981.

[6] "www.sivilima.com," [Online]. Disponível: http://www.sivilima.com/products/flooring/. [Acedido em 2 de janeiro de 2017].

[7] Myhre.M, Saiwari.S, Dierkes.W e Noordermeer.J, "Rubber recycling: chemistry, processing, and applications," *Rubber chemistry and technology,* vol. 85, no. 3, pp. 408449, 2012.

[8] D. Hainbach, "Pavimento em mosaico com camada de malha". Patente dos Estados Unidos da América US 8,192,823 B2 , 5 de junho de 2012.

[9] M. Ruiz, E. Budemberg, G. da Cunha, F. Bellucci, H. da Cunha e A. ob, "Um material inovador baseado em borracha natural e resíduos de curtume de couro para ser aplicado como piso antiestático", *Journal of Applied Polymer Science,* vol. 132, no. 3, 2015.

[10] K. Ravichandran e N. Natchimuthu, "Natural rubber: leather composites", *Polímeros,* vol. 15, n.º 2, pp. 102-108, 2005.

[11] Química da borracha, Matador Rubber s.r.o, 2007.

[12] S. Prasertsan, P. Kirirat, S. Sen-Ngam, G. Prateepchaikul e N. Coovattanachai, "Monitoring of the rubber smoking process", *International Energy Journal,* vol. 15, n.º 1, 2017.

[13] A. Abdullateef, S. Thomas, M. Al-Harthi, S. De, S. Bandyopadhyay, A. Basfar e M. Atieh, "Nanocompósitos de borracha natural com nanotubos de carbono funcionalizados: estudos mecânicos, mecânicos dinâmicos e morfológicos", *Journal of Appliied Polymer Science,* vol. 125, no. S1, pp. E76-E84, 2012.

[14] N. Saba, M. Jawaid, O. Alothman e M. Paridah, "A review on dynamic mechanical properties of natural fibre reinforced polymer composites," *Construction and Building Materials,* vol. 106, pp. 149-159, 2016.

[15] W. Jayewardhana, G. Perera, D. Edirisinghe e L. Karunanayake, "Study on natural oils as alternative processing aids and activators in carbon black filled natural rubber," *Journal of the National Science Foundation of Sri Lanka,* vol. 37, no. 3, 2009.

[16] M. F. C. L. Zullo, "Reinforcing Fillers in the Rubber Industry:Assessment as Potential Nanomaterials with a Focus on Tires," ChemRisk, LLC, 2012.

[17] J. Leblanc, "Rubber-filler interactions and rheological properties in filled compounds," *Progress in polymer science,* vol. 27, no. 4, pp. 627-687, 2002.

[18] S. Wolff e M.-J. Wang, "Carbon Black Filler Reinforcement of Elastomers," *Carbon Black Sci. Technol,* p. 460, 1993.

[19] A. Zhang, L. Wang, Y. Lin e X. Mi, "Carbon black filled powdered natural rubber:

Preparation, particle size distribution, mechanical properties, and structures," *Journal of Applied Polymer Science,* vol. 101, no. 3, p. 1763-1774, 2006.
[20] Y. Lin, A. Zhang, L. Wang, C. Pei e Q. Gu, "Carbon black filled powdered natural rubber," *Journal of Macromolecular Science, Part B,* vol. 51, no. 7, pp. 1267-1281, 2012.
[21] V. S. Vinod, S. Varghese, R. Alex e Kuriakose, "Effect of Aluminum Powder on Filled Natural Rubber Composites", *Rubber Chemistry and Technology,* vol. 74, n.º 2, p. 236248, 2001.
[22] A. Mujkanovic, L. Vasiljevic e G. Ostojic, "Non-Black Fillers For Elastomers," em *Trends in the Development of Machinery and Associated Technology*, Hammamet, Tunísia, 2009.
[23] Q. Fang, B. Song, T.-T. Tee, L. T. Sin, D. Hui e S.-T. Bee, "Investigação das caraterísticas dinâmicas do carbonato de cálcio de tamanho nanométrico adicionado no vulcanizado de borracha natural", *Composites Part B: Engineering,* vol. 60, p. 561-567, 2014.
[24] H. Norazlina, A. Fahmi e W. Hafizuddin, "CaCO3 from seashells as a reinforcing filler for natural rubber," *Journal of Mechanical Engineering and Sciences,* vol. 8, pp. 14811488, 2015.
[25] S. Lumlong, S. Wanapan, B. Khamsri e P. Pungpo, "Efeito da casca de ovo como material de enchimento nas propriedades do compósito de borracha", na *8ª Conferência Académica Internacional Tailândia-Japão*, 2016.
[26] P. Kumar, K. Ramakrishnan, S. Kirupha e S. Sivanesan, "Thermodynamic and kinetic studies of cadmium adsorption from aqueous solution onto rice husk," *Brazilian Journal of Chemical Engineering,* vol. 27, no. 2, pp. 347-355, 2010.
[27] L. Srisuwan, K. Jarukumjorn e N. Suppakarn, "Physical properties of rice husk fiber/natural rubber composites," *In Advanced Materials Research,* vol. 410, pp. 90-93.
[28] M. Ahmed e R. Ram, "Removal of basic dye from waste-water using silica as adsorbent," *Environmental pollution,* vol. 77, no. 1, pp. 79-86, 1992.
[29] M. Schmidt e F. Schwertfeger, "Applications for silica aerogel products," *Journal of non-crystalline solids,* vol. 225, pp. 364-368, 1998.
[30] J. Jiao, X. Sun e T.J. Pinnavaia, "Mesostructured silica for the reinforcement and toughening of rubbery and glassy epoxy polymers," *Polymer,* vol. 50, no. 4, pp. 983-989, 2009.
[31] N. Rattanasom, S. Prasertsri e T. Ruangritnumchai, "Comparison of the mechanical properties at similar hardness level of natural rubber filled with various reinforcingfillers," *Polymer Testing,* vol. 28, no. 1, p. 8-12, 2009.
[32] J. L. Leblanc, "Rubber filler interactions and rheological properties in filled compounds," *Rheology,* vol. 27, 2002.
[33] I. Ulfah, R. Fidyaningsih, S. Rahayu, D. Fitriani, D. Saputra, D. Winarto e L. Wisojodharmo, "Influência do negro de fumo e da sílica de enchimento nas propriedades reológicas e mecânicas do composto de borracha natural", *Procedia Chemistry,* vol. 16, pp. 258-264, 2015.
[34] H. Zhang, Y. L. F. Gao, Z. Zhang, Y. Liu e G. Zhao, "Influência dos agentes de acoplamento de silano na borracha natural vulcanizada: Propriedades dinâmicas e acumulação de calor", *Plastics, Rubber and Composites,* vol. 45, n.º 1, pp. 9-15, 2016.
[35] W. Kaewsakul, K. Sahakaro, W. K. Dierkes e J. W. M. Noordermeer, "Otimização da formulação de borracha para compostos de borracha natural reforçados com sílica", *Rubber Chemistry and Technology,* vol. 86, n.º 2, pp. 313-329, 2013.

[36]M. Xu, Y. Cao e S. Gao, "Modificação da superfície da nano-sílica com agente de acoplamento de silano", *In Key Engineering Materials,* vol. 636, pp. 23-27, 2015.

[37]S. S. Sarkawi, W. K. Dierkes e J. W. M. Noordermeer, "Morfologia da borracha natural reforçada com sílica: o efeito do agente de acoplamento de silano", *Rubber Chemistry and Technology,* vol. 88, no. 3, p. 359-372, 2015.

[38]C. DeArmitt e R. Rothon, "Dispersants and Coupling Agents," in *Applied Plastics Engineering Handbook,* Elsevier Inc, 2011, p. 15.

[39]N. Aysa, "Preparação e modificação da superfície de nanopartículas de sílica para revestimento super-hidrofóbico", *Journal of University of Babylon,* vol. 26, n.º 1, pp. 167173, 2018.

[40]R. Santos, D. Agostini, F. Cabrera, E. Reis, M. Ruiz, E. Budemberg, S. Teixeira e A. Job, "Sugarcane bagasse ash: new filler to natural rubber composite," *Polímeros,* vol. 24, no. 6, pp. 646-653, 2014.

[41]N. Sombatsompop, E. Wimolmala e T. Markpin, "Partículas de cinzas volantes e sílica precipitada como cargas em borrachas. II. Effects of silica content and Si69-treatment in natural rubber/styrene-butadiene rubber vulcanizates," *Journal of Applied Polymer Science,* vol. 104, no. 5, pp. 3396-3405, 2007.

[42]J. Adebisi, J. Agunsoye, S. Bello, I. O. O. Ahmed e S. Hassan, "Potencial de produção de nanopartículas de silício de grau solar a partir de agro-resíduos selecionados", *uma revisão. Solar Energy,* vol. 142, pp. 68-86, 2017.

[43]A. S. Rodrigo e S. Perera, "Electricity Generation Using Rice Husk in Sri Lanka : Potential and Viability Resource Availability in Sri Lanka," *In National Energy Symposium,* pp. 104-108, 2011.

[44]V. P.Della, I. Kühn e D. Hotza, "Rice husk ash as an alternate source for active silica production," *Materials Letters,* vol. 57, no. 4, pp. 818-821, 2002.

[45]J. Parikh, S. Channiwala e G. Ghosal, "A correlation for calculating elemental composition from proximate analysis of biomass materials," *Fuel,* vol. 86, no. 12-13, pp. 1710-1719, 2007.

[46]H. Da Costa, L. Visconte, R. Nunes e C. Furtado, "Borracha natural com enchimento de arroz e cinza. II. Substituição parcial de cargas comerciais e o efeito no processo de vulcanização," *Journal of applied polymer science,* vol. 87, no. 9, pp. 1405-1413, 2003.

[47]M. Fuad, Z. Ismail, M. Mansor, Z. Ishak e A. 1. Omar, "Mechanical properties of rice husk ash/polypropylene composites," *Polymer Journal,* vol. 27, no. 10, p. 1002, 1995.

[48]W. Arayapranee, N. Na-Ranong e G. L. Rempel, "Application of rice husk ash as fillers in the natural rubber industry," *Journal of Applied Polymer Science,* vol. 98, no. 1, p. 3441, 2005.

[49]H. Ismail e F. Chung, "The effect of partial replacement of silica by white rice husk ash in natural rubber composites," *International Journal of Polymeric Materials,* vol. 43, no. 3-4, pp. 301-312, 1999.

[50]S. Chuayjuljit, S. Eiumnoh e P. Potiyaraj, "Using silica from rice husk as a reinforcing filler in natural rubber," *Journal of scientific research, Chulalongkorn University,* vol. 26, no. 2, pp. 127-138, 2001.

[51]F. Ghorbani, A. Sanati e M. Maleki, "Produção de nanopartículas de sílica a partir de casca de arroz como resíduo agrícola através de uma técnica amiga do ambiente", *Environmental Studies of Persian Gulf,* vol. 2, n.º 1, pp. 56-65, 2015.

[52] P. Jacob, P. Kashyap, T. Suparat e C. Visvanathan, "Dealing with emerging waste streams: Used tyre assessment in Thailand using material flow analysis," *Waste Management & Research,* vol. 32, no. 9, pp. 918-926, 2014.
[53] A. Rashad, "A comprehensive overview about recycling rubber as fine aggregate replacement in traditional cementitious materials," *International Journal of Sustainable Built Environment,* vol. 5, no. 1, pp. 46-82, 2016.
[54] P. Shakya, P. Shrestha, C. Tamrakar e P. Bhattarai, "Studies on potential emission of hazardous gases due to uncontrolled open-air burning of waste vehicle tyres and their possible impacts on the environment," *Atmospheric Environment,* vol. 42, no. 26, pp. 6555-6559, 2008.
[55] A. Rowhani e T. Rainey, "Caminhos de gestão de pneus de sucata e seu uso como combustível", *Uma revisão. Energies,* vol. 9, no. 11, p. 888, 2016.
[56] M. Sienkiewicz, J. Kucinska-Lipka, H. Janik e A. Balas, "Progress in used tyres management in the European Union," *A review. Waste management,* vol. 32, n.º 10, pp. 1742-1751, 2012.
[57] M. Myhre e D. MacKillop, "Rubber recycling," *Rubber Chemistry and Technology ,* vol. 75, no. 3, pp. 429-474, 2002.
[58] N. Mashaan e M. Karim, "Investigating the rheological properties of crumb rubber modified bitumen and its correlation with temperature susceptibility," *Materials Research,* vol. 16, no. 1, pp. 116-127, 2013.
[59] M. Ismail e A. Hassan, "An experimental study on flexural behaviour of large-scale concrete beams incorporating crumb rubber and steel fibres," *Engineering Structures,* vol. 145, pp. 97-108, 2017.
[60] K. Shatanawi, The effects of crumb rubber particles on highway noise reduction- A laboratory study, Clemson University: TigerPrints, 2008.
[61] S. Neto, M. Farias, J. Pais, P. Pereira e J. Sousa, "Influência da borracha fragmentada e do tempo de digestão nos ligantes asfálticos de borracha," *Road materials and pavement design,* vol. 7, no. 2, pp. 131-148, 2006.
[62] M. Batayneh, I. Marie e I. Asi, "Promoting the use of crumb rubber concrete in developing countries," *Waste management,* vol. 28, no. 11, pp. 2171-2176, 2008.
[63] S. Li, J. Lamminmäki e K. Hanhi, "Effect of ground rubber powder and devulcanizates on the properties of natural rubber compounds", *Journal of Applied Polymer Science,* vol. 97, n.º 1, pp. 208-217, 2005.
[64] H. Ismail, N. Omar e N. Othman, "Efeito da carga de negro de carbono nas caraterísticas de cura e nas propriedades mecânicas do enchimento híbrido de pó de pneus/negro de carbono *Journal of Applied Polymer Science,* vol. 121, n.º 2, p. 1, 2011.
[65] S. Kim, K. Hong e K. Seo, "Effects of ground rubber having different curing systems on the crosslink structures and physical properties of NR vulcanizates," *Materials Research Innovations,* vol. 7, no. 3, pp. 149-154, 2003.
[66] H. Ismail, R. Nordin e A. Noor, "The effects of recycle rubber powder (RRP) content and various vulcanization systems on curing characteristics and mechanical properties of natural rubber/RRP blends," *Iranian Polymer Journal,* vol. 12, pp. 373-380, 2003.
[67] A. Yehia, M. Mull, M. Ismail, Y. Hefny e E. Abdel-Bary, "Effect of chemically modified waste rubber powder as a filler in natural rubber vulcanizates," *Journal of applied polymer science,* vol. 93, no. 1, pp. 30-36, 2004.

[68] S. Lee, S. Hwang, M. Kontopoulou, V. Sridhar, Z. X. D. Zhang e J. Kim, "The effect of physical treatments of waste rubber powder on the mechanical properties of the revulcanizate," *Journal of applied polymer science,* vol. 112, no. 5, pp. 3048-3056, 2009.
[69] "Statista," [Online]. Disponível: https://www.statista.com/statistics/720449/global-polyurethane-market-size-forecast/. [Acedido em 05 05 2019].
[70] "Pesquisa de visão geral", 072019 . [Online]. Disponível: https://www.grandviewresearch.com/industry-analysis/polyurethane-pu-market. [Acedido em 18 07 2019].
[71] E. Sharmin e F. Zafar, Poliuretano: uma introdução, IntechOpen, 2012.
[72] A. Al-Sabagh, F. Yehia, G. Eshaq, A. Rabie e A. ElMetwally, "Greener routes for recycling of polyethylene terephthalate.", *Egyptian Journal of Petroleum,* vol. 25, no. 1, pp. 53-64, 2016.
[73] J. M. Zhang, Q. Hua, C. T. Reynolds, Y. Zhao, Z. Dai e E. T. Bilotti, "Preparação de poli (tereftalato de etileno) de alto módulo: Influence of Molecular Weight, Extrusion, and Drawing Parameters", *International Journal of Polymer Science,* vol. 2017, p. 10, 2017.
[74] D. K. A. Raman, "Otimização e caraterização da glicólise de resíduos de politereftalato de etileno (Pet) com", nitro pdf profissional, 2013.
[75] H. Zhu, Z. Xiao, D. Liu, Y. Li, N. Weadock, Z. Fang, J. Huang e L. Hu, "Biodegradable transparent substrates for flexible organic-light-emitting diodes", *Energy & Environmental Science,* vol. 6, no. 7, pp. 2105-2111, 2013.
[76] N. Wijedasa, "Plastic polluter: Sri Lanka victim of wrong data by World Bank", The Sunday Times Sri Lanka, 2017.
[77] M. D. Sanchez-Garcia, E. Gimenez e J. M. Lagaron, "Novel PET Nanocomposites of Interest in Food Packaging Applications and Comparative Barrier Performance With Biopolyester Nanocomposites", *Journal of Plastic Film & Sheeting,* vol. 23, no. 2, p. 133-148, 2007.
[78] L. Bartolome, M. Imran, B. Cho, W. Al-Masry e D. Kim, "Recent developments in the chemical recycling of PET," *material recycling-trends and perspectives,* 2012.
[79] R. López-Fonseca, I. Duque-Ingunza, B. De Rivas, S. Arnaiz e J. Gutiérrez-Ortiz, "Chemical recycling of post-consumer PET wastes by glycolysis in the presence of metal salts," *Polymer Degradation and Stability,* vol. 95, n.º 6, pp. 1022-1028, 2010.
[80] R. López-Fonseca, I. Duque-Ingunza, B. de Rivas, L. Flores-Giraldo e J. Gutiérrez-Ortiz, "Kinetics of catalytic glycolysis of PET wastes with sodium carbonate," *Chemical engineering journal,* vol. 168, n.º 1, pp. 312-320, 2011.
[81] G. L. M. Xi e C. Sun, "Study on depolymerization of waste polyethylene terephthalate into monomer of bis(2-hydroxyethyl terephthalate)," *Polymer Degradation and Stability ,* vol. 87, no. 1, p. 117-120, 2005.
[82] U. R. Vaidya e V. M. Nadkarni, "Polióis poliésteres para poliuretanos a partir de resíduos de animais de estimação: Kinetics of polycondensation.", *Journal of Applied Polymer Science,* vol. 35, no. 3, p. 775-785, 1988.
[83] A. Ghaderian, A. H. Haghighi, F. A. Taromi, Z. Abdeen, A. Boroomand e S. M.-R. Taheri, "Characterization of Rigid Polyurethane Foam Prepared from Recycling of PET Waste.", *Periodica Polytechnica Chemical Engineering,* vol. 59, no. 4, p. 296-305, 2015.
[84] M. Kathalewar, N. Dhopatkar, B. Pacharane, A. Sabnis, P. Raut e V. Bhave, "Chemical recycling of PET using neopentyl glycol: Reaction kinetics and preparation of polyurethane coatings," *Progress in Organic Coatings,* vol. 76, no. 1, p. 147-156, 2013.

[85] O. Mecit e A. Akar, "Synthesis of Urethane Oil Varnishes from Waste Poly(ethylene terephthalate)," *Macromolecular Materials and Engineering,* vol. 286, no. 9, p. 513-515, 2001.
[86] X. Luo e Y. Li, "Síntese e caraterização de polióis e espumas de poliuretano a partir de resíduos de PET e glicerol bruto", *Journal of Polymers and the Environment,* vol. 22, no. 3, pp. 318-328, 2014.
[87] S. M. Cakic, I. S. Ristic, M. M. Cincovic, N. C. Nikolic, L. B. Nikolic e M. J. Cvetinov, "Síntese e propriedades de poliuretanos de base biológica à base de água a partir do produto da glicólise de resíduos de PET e poli (caprolactona) diol", *Progress in Organic Coatings,* vol. 105, pp. 111122, 2017.
[88] X. Wang, Y. L. Y. Shi e Q. Wang, "Reciclagem de resíduos de espuma de melamina formaldeído como enchimento retardador de chama para espuma de poliuretano", *Journal of Polymer Research,* vol. 26, no. 3, 2019.
[89] N. Norzali, K. Badri e M. Nuawi, "Efeito da carga de hidróxido de alumínio nas propriedades mecânicas, de condutividade térmica, acústicas e de combustão dos compósitos de poliuretano à base de palma," *Sains Malaysiana,* vol. 40, n.º 7, pp. 737-742, 2011.
[90] Q. Zeng, D. Wang, A. Yu e G. Lu, "Synthesis of polymer-montmorillonite nanocomposites by in situ intercalative polymerization," *Nanotechnology,* vol. 13, no. 5, p. 549, 2002.
[91] J. Cervantes-Uc, J. Espinosa, J. Cauich-Rodriguez, A. Avila-Ortega, H. Vazquez-Torres, A. Marcos-Fernandez e J. San Román, "TGA/FTIR studies of segmented aliphatic polyurethanes and their nanocomposites prepared with commercial montmorillonites," *Polymer Degradation and Stability,* vol. 94, no. 10, pp. 1666-1677, 2009.
[92] T. YI e W. KH, "The effect of nano-sized silicate layers from montmorillonite on glass transition, dynamic mechanical, and thermal degradation properties of segmented polyurethane," *Journal of Applied Polymer Science,* vol. 86, no. 7, pp. 1741-1748, 2002.
[93] D. Souza, D. Araujo, C. Carvalho e M. Yoshida, "Análise físico-química de espumas flexíveis de poliuretano contendo carbonato de cálcio comercial," *Materials Research,* vol. 11, no. 4, pp. 433-438, 2008.
[94] T. Liu, L. Mao, F. Liu, Jiang, H. Z. W. e P. Fang, "Preparação, estrutura e propriedades de espumas de poliuretano flexíveis preenchidas com sílica pirogénica", *Wuhan University Journal of Natural Sciences,* vol. 16, n.º 1, pp. 29-32, 2011.
[95] A. B. Francés e M. V. N. Bañón, "Effect of silica nanoparticles on polyurethane foaming process and foam properties.", in *IOP Conference Series: Ciência e Engenharia de Materiais,* 2014.
[96] Y. Han, W. Dong, Z. Chen e Z. Xin, "Efeitos da sílica fumada hidrofóbica na estrutura e propriedades de nanocompósitos de poliuretano/sílica não iónicos à base de água preparados por polimerização in situ", *Materials Research Innovations,* vol. 20, no. 4, p. 247-253, 2016.
[97] I. Marhoon, "Effect Of Silica-Fume Microparticles On Rigid Polyurethane Foam Properties.", *International Journal of Scientific & Technology Research,* vol. 7, no. 5, pp. 96-100, 2016.
[98] I. Javni, W. Zhang, V. Karajkov, Z. S. Petrovic e V. Divjakovic, "Effect of Nano-and Micro-Silica Fillers on Polyurethane Foam Properties," *Journal of Cellular Plastics,* vol. 38, no. 3, p. 229-239, 2002.
[99] M. Thirumal, D. Khastgir, N. K. Singha, B. S. Manjunath e Y. P. Naik, "Propriedades

mecânicas, morfológicas e térmicas da espuma rígida de poliuretano: Effect of the Fillers.", *Cellular Polymers,* vol. 26, no. 4, p. 245-259, 2007.

[100] R. Palanivelu, P. Manivasakan, N. Dhineshbabu e V. Rajendran, "Estudo comparativo sobre isolamento e caraterização de nanopartículas de sílica amorfa de diferentes graus de casca de arroz", *Síntese e Reatividade em Química Inorgânica, Metal-Orgânica e Nano-Metal,* vol. 46, no. 3, pp. 445-452, 2016.

[101] Z. Li e Y. Zhu, "Surface-modification of SiO2 nanoparticles with oleic acid," *Applied Surface Science,* vol. 211, no. 1-4, p. 315-320, 2003.

[102] P. Jal, M. Sudarshan, A. Saha, S. Patel e B. Mishra, "Synthesis and characterization of nanosilica prepared by precipitation method," *Colloids and Surfaces A: Physicochemical and Engineering Aspects,* vol. 240, no. 1-3, pp. 173-178, 2004.

[103] D. Battegazzore, S. Bocchini, J. Alongi e A. Frache, "Rice husk as bio-source of silica: preparation and characterization of PLA-silica bio-composites," *RSC Advance,* vol. 4, no. 97, pp. 54703-54712, 2014.

[104] A. Pierre e G. Pajonk, "Chemistry of aerogels and their applications," *Chemical Reviews,* vol. 102, no. 11, pp. 4243-4266, 2002.

[105] S. Music, N. Filipovic-Vincekovic e L. Sekovanic, "Precipitação de partículas amorfas de SiO2 e suas propriedades," *Brazilian journal of chemical engineering,* vol. 28, no. 1, pp. 89-94, 2011.

[106] R. Bakar, R. Yahya e S. Gan, "Production of high purity amorphous silica from rice husk," *Procedia Chemistry,* vol. 19, pp. 189-195, 2016.

[107] V. Jamdar, M. Kathalewar, K. A. Dubey e A. Sabnis, "Recycling of PET wastes using Electron beam radiations and preparation of polyurethane coatings using recycled material", *Progress in Organic Coatings,* vol. 107, p. 54-63, 2017.

[108] A. Yasir, A. Khalaf e M. Khalaf, "Preparação e Caracterização de Oligómero de PET Reciclado e Avaliado como Inibidor de Corrosão para Material de Aço-C em 0,1 M HCl," *Open Journal of Organic Polymer Materials,* vol. 7, n.º 1, p. 1, 2017.

[109] M. N. Siddiqui, D. S. Achilias, H. H. Redhwi, D. N. Bikiaris, K.-A. G. Katsogiannis e G. P. Karayannidis, "Hydrolytic Depolymerization of PET in a Microwave Reator," *Macromolecular Materials and Engineering,* vol. 295, no. 6, p. 575-584, 2010.

[110] S. M. Cakic, I. S. Ristic, M. M-Cincovic, N. C. Nikolic, O. Z. Ilic, D. T. Stojiljkovic e J. K. B-Simendic, "Glycolyzed products from PET waste and their application in synthesis of polyurethane dispersions," *Progress in Organic Coatings,* vol. 74, no. 1, pp. 115-124, 2012.

[111] C. S. Wong e K. H. Badri, "Chemical Analyses of Palm Kernel Oil-Based Polyurethane Prepolymer," *Materials Sciences and Applications,* vol. 03, no. 02, p. 78-86, 2012.

Printed by Books on Demand GmbH, Norderstedt / Germany